醋的純釀、浸泡與日常

大人的

釀醋學

Chapter 1
導論—安身之醋

Chapter 2
醋的釀旅—釀醋的行前叮嚀

序

　　相信許多品酒的朋友遇過這種經驗：我的葡萄酒變質了。當一瓶葡萄酒放著不理它，經過幾個星期、也許幾個月再品嚐，會發現味道非常刺激、酸味很深。這樣從酒到醋的轉變過程，就是改善世界各地食物味道的神奇之處。

　　醋可以讓簡單料理變得多元，使簡單食材成為一道好菜。醋是個既矛盾又神秘的食物。神秘的是，它很容易製作，但不知要等多久，所以多數人都直接購買它；矛盾的是，多數人不喜歡吃酸的食物，然而日常生活中的食物卻常添加醋，如沙拉、鹹味菜餚，甚至甜點。

　　往往我們將醋與其他成分結合起來使用，醋可以提供食物的平衡，使您成為更好、更有趣、更自信的廚師。當醋與溫和、甜或辛辣的東西結合時，它的好處就會跳出來。在料理世界中，醋就像一個球隊中的一員，當缺少了此球員，將無法贏得比賽。

　　雖說如此，醋也可以單獨存在，你曾經單單品嚐過一勺醋？醋之間是有區別的，醋可以保存很久，每種醋都有其特色，就我們而言，家中最少存在兩種醋，包含果醋和米醋，偶有朋友贈送，或被架上包裝吸引購入時，於生活飲食的樂趣中又添加一筆。

醋（Vinegar） 從法語翻譯而來，意思是「酸酒」，由此約略感覺釀醋似乎很簡單，把酒放一段時間、讓它酸掉即可。但有酸味的酒就是醋嗎？似乎不是那麼簡單。

所以就本書想要教大家如何釀醋的前提下，就必須先知道酒怎麼來？酒是酵母菌在含糖的環境中，於厭氧環境，將糖轉變成乙醇，即所謂的酒精而來。當釀好的酒，在適當的條件，於好氧的環境下，經由醋酸菌繼續發酵，將酒精轉變成醋酸，即成為所謂的醋。

因在家釀的角度或市場佔有率來說，葡萄酒都相對容易取得，所以通常釀醋過程所需的酒精來源，最普遍會使用葡萄酒。但其實各式水果釀成的果酒，如蘋果酒，或是家釀中常出現的米酒，甚至啤酒都可以是很好的酒精來源。

然而有了酒精來源只是第一步，要得到自己喜歡的醋，必須再經過一段醋化的過程，而這樣從原料經過酒化，再經過醋化，即是釀醋的兩階段發酵。

我們可以發現，於其中扮演最重要的角色是微生物，在酒化過

程需要酵母菌的幫忙，在醋化過程需要醋酸菌的幫忙，於此書中，將針對醋酸菌的特性於醋化過程中的應用多闡述，如想對酵母菌在酒化的過程有更深入的瞭解，可參閱《大人的釀酒學》。

醋酸是醋的主要成分，主要帶給醋酸味、刺激的成分。一般來說，家中釀醋多採用靜置法，所釀造出的醋，其醋酸含量約莫落在5％左右；如需更高的酸度，必須在釀造方式及微生物菌種上多做篩選與測試。而這裡提到的微生物菌種，即釀醋醋種，不同醋種將影響著釀醋的時間，及發酵過程觀察到的現象。

於本書中，將先讓大家瞭解釀醋的發酵機轉，發酵微生物（醋酸菌），發酵環境的控制，而後選擇適當的原物料進行釀造，帶大家觀察過程中的變化，最後分享發酵產物的應用，一起分享四合院在酸味旅程上發現的驚喜與經驗。

chapter 1
導論──安身之醋

《大人的釀酒學：發酵、蒸餾與浸泡酒的科普藝術》一書中，
多次提及若未掌握釀酒的原理、營造適合酵母轉化酒精的環境，
原意欲釀酒，可能會趨向醋味的釀造品，這樣的意外，造就為
醋，看似釀醋很容易上手，然而，具有醋味或酸氣的液體或固
體，就算是醋嗎？醋真的這麼好上手嗎？為什麼要自己釀醋呢？
在回應這些問題前，先聊聊醋的文化與風土。

醋的文明記載

醋（Vinegar），對於我們而言是不陌生的，熟知的開門七件事：「柴、米、油、鹽、醬、醋、茶」，從千年前即為人類每日生活所需、所奔波追求的，因為社會變遷、經濟模式改變，原先人們對於原食材及純釀品的熟悉感越來越遙遠，卻做餳糖。

「醋」原稱「醯」（音同「希」），古籍提到專職釀醋者若封官，官職為醯官，醋又可讀為ㄘㄨˋ或ㄗㄨㄛˋ，也作「酢」。

根據《教育部重編國語辭典修訂本》對於不同讀音有不同的釋義，醋（讀ㄗㄨㄛˋ）為動詞，意思是客人以酒回敬主人；醋（讀ㄘㄨˋ），為名詞與動詞，名詞指我們熟悉的飲用食醋—以米、麥、高粱等釀成，用來調味的酸味液體，又稱為「苦酒」。

釀造醋推廣者楊綠茵引述Wood, Brian J.B.對於食用醋的定義為：「食用醋是人們食用的一種液體，以含有澱粉、糖或兩者均有的農作物，經由乙醇發酵和醋酸發酵過程生產而成，成品中含有一定量的醋酸。」

　　醋的英文為vinegar，源自於法文vinaigre，即是葡萄酒（vin）發酸（aigre）的意思，意即酸味的葡萄酒。根據相關資料，略知醋之於人類記載，釀於沃月地帶兩河文明楔形文字的字裡行間中，極有可能始於灌溉農法，約與新石器時代相近。

　　我們在《大人的釀酒學：發酵、蒸餾與浸泡酒的科普藝術》（下稱《大人的釀酒學》）書中提到酵母、糖與酒精產製關係—酵母吃糖變酒精，酒裡含有乙醇，藉空氣中的醋酸菌氧化乙醇，發酵成醋酸，酒與醋可謂表裡一體、酒醋同源，日本又稱之為「酸酒」。

　　《大人的釀酒學》提到釀酵與風土的關聯，就釀酒原物料粗略分類，亞洲以稻為本、歐洲以葡萄為始，美洲用玉米為源，釀酒作醋，醋成芳釀，除了飲用調味外，為後世稱為「醫學之父」的希波克拉底（前460年—前370年，療法基於「自然界所賦予之治療力量」），其醫書記載醋的保健價值，此外，根據資料顯示，中世紀的羅馬以及18世紀的歐洲皆有「用醋消毒」的觀念，像是會隨身攜帶一瓶醋，喝水前先滴幾滴在瓶中，將麵包浸泡醋之後，再食用或擦拭口鼻，即公共衛生觀念。

衛生福利部食藥署的界定是「以穀物、果實、酒精、酒粕及糖蜜等原料發酵，且未添加醋酸、冰醋酸或其他酸味劑製得之產品，始得宣稱（食）醋或釀造（食）醋」。

由上所述，略可窺得釀造食醋之內涵，或許您會詫異地問，醋不都是釀造而來的嗎？在農業社會時期，這句話是無庸置疑的，然而隨著工業發展，發展出別於時間釀造的技術，在工業化、現代化發展下，飲食產製落入強調高產能、高效率、高利潤與一致化為主的邏輯，如果食者追求便利，就會與原物料越來越遙遠，僅剩「購買」關係，成為消費式的飲食文化，硬生生地斷開與風土的臍帶。

醋款：醋的種類

食用醋分類，綜整我們所蒐羅的資料，除了釀造醋外，尚有合成醋、再製醋與酒精醋。釀造醋如上文所及衛福部之界定，也為本書主樞，預計於後記述實作。

取冰醋酸作為原料，經加水稀釋，再添入化學調味料而成的醋，被稱為合成醋，又稱為化學醋，相關資料皆指出該類的醋，幾乎沒有營養成分，且有讓人不快的刺激喉嚨與鼻腔的感受，如長期飲用，可能會對身體產生傷害。

用釀造醋為基底醋，用來浸泡各式不同的果實或作物、花木，依質地不同，浸泡時間時短不同，浸泡醋的基底通常都選用蘋果醋或米醋。

酒精醋是什麼呢？依據楊綠茵認為以廢蜜糖、廢紙漿液為酒精原料，又或以蒸餾法提出的純酒精做為基質，經過醋酸發酵成為酒精醋，酒精醋之所以能大行其道，主要是在成本低廉、生產時程快速且能大量生產，生產模式的轉變，與前文提到的社會變遷與推崇快速、大量生產及低成本的生產價值有極大的關係。

1984年，跨國知名的速食店在臺北開設第一家據點，1986年，該速食店開始在羅馬展店，佩屈尼（Carlo Petrini）恰在這

一年推動慢食運動，其擬立的〈慢食宣言〉提醒我們必須把自己從「（快）速度」的攻勢中解救出來。在此時期，臺灣也有波「就醋」風起，恰好也輝映著佩屈尼主張要向傳統知識找資源的理念。

醋酸與茶菌菌落

醋酸菌

適當的酵母菌可使含碳水化合物（糖）的液體轉化成酒精和二氧化碳。然而，酒精如再受醋酸桿菌的作用與空氣中的氧結合，即生成醋酸和水。簡單而言，釀醋的過程就是使酒精進一步氧化，成醋酸的過程。

食醋發酵可分為「糖化」、「酒精發酵」及「醋酸發酵」三大生物化學反應，醋酸菌在醋酸發酵裡扮演著重要的角色，酵母菌與醋酸菌作用需要時間，趕不得，更無法揠苗助長。食用醋需要時間，長出醋酸芬芳以及醋種或可貴的醋膜。將醋種或醋膜放入適當酒精度的液體中，即可發酵成醋，市面上有些釀造醋未經過滅菌，即保有醋種，可以此醋當種源再釀醋，生醋不息，此外，未經過滅菌的釀造醋，則可能會出現厚薄不一的醋膜。

●● 紅茶菇：紅茶菌落 ●●

近幾年來，喜愛發酵的朋友圈，吹起微微的「康普茶風」。

康普茶（Kombucha）是什麼呢？又名紅茶菌或冬菇茶，在民國六十年初，稱之為「紅茶菇」或「海寶」，是經發酵的飲品，喝起來甜酸不膩，還可能有微微氣泡的口感。康普茶中的 SCOBY（Symbiotic Colony of Bacteria and Yeast），被稱為「共生菌」，四合院認為「菌落」較有「聚落」、「群聚」且「共生」之感，因而稱「紅茶菌落」。

康普茶一般以紅茶為基底，加了糖與紅茶菌落（紅茶菇），聚落的細菌和酵母菌會和糖與茶作用，使發酵後的茶帶有酸味與氣泡感，我們也嘗試過以不同的茶製作，有著不同茶香，添了潤喉圓潤且生津的滋味。

至於康普茶是怎麼發現的？傳播途徑又為何呢？關於起源，有不同的說法，目前有一說是起源中國，另一說是俄國，由發源地傳至日本，再傳入臺灣與世界各地。

就醋風起

醋的起源已超過三千年，醋由食物調味品衍生為健康、養身保健。醋為飲品，顯示醋食品不只是調味，也深入我們的日常生活，利用不同的材料能使醋有更豐富多樣的吃法。

醋在臺灣曾刮起一陣醋風潮，與養生有極大的關聯，像是本草綱目記載：醋「味酸苦，性溫和，無毒」，其功效在於「消腫塊、散水氣、殺邪毒」；或者日本的長壽十訓「少鹽多醋」等，有許多引述與說法族繁不及備載。

醋的風行草偃，所及影響力鑲嵌在我們的生活經驗裡。除了上文簡述的健康風潮外，還衍義出「釀酵素」的配方，因本書以「釀醋」為主，不對此多討論。

此外，還有不少朋友對於釀醋感到疲乏，大多是因為曾經的崇尚風行，覺得應該換談其他發酵故事，其中有位記者朋友，在訪談前，為求謹慎，先電話詢問各種發酵原理與故事後，最後決定訪酒，因為醋對她而言，早已是熟悉的生活日常，不構成新鮮的「新聞性」，這都可嗅出釀醋的集體記憶與經驗。

四合院的精神

Gather四合院的釀造課程始於105年6月19日，開啟首場「大人的釀酒學：自選水果釀酒術」，分享我們手邊可得的水果釀酒，感受品嚐果液成為果酒的連續釀體。

截至目前，已與超過600人次的朋友分享釀造實作以及發酵故事，我們以「實踐食科」為根本，從來學習、交流的朋友，以及釀酵生活收穫到「家感、衛農、厚食、風土」的特別感受，逐漸聚成四合院的精神。

因為烹煮讓人變得文明，我們需要烹煮食物來滿足深層本能，人類之於烹煮，是發現火的運用，Michael Pollan在其書中將發酵視為冷火，若依此論之，發酵應也是人的本能，四合院期待可以經由發酵原理，與大家一同喚醒與體現發酵本能。

實踐「食科為載體，家感為發聲」

　　不少有釀造經驗，或聽聞過發酵故事的朋友，常想再進一步詢問長輩或友人關於釀造的原理，或者為何葡萄要晾乾？又或者為什麼本來要釀酒，卻成了醋？但都說不出所以然，帶著困惑到四合院。

　　因此，我們想整理出可驗證、好理解的內容，期許每個人可以透過參與課程的方式，學習相關知識及實作，再以釀造原理探索自己的釀造技巧，提高成功機率，成功的經驗可促增在家釀造的意願，使釀造成為習慣，透過釀造「做文化」。

　　關於釀醋的相關原理與實作的釀旅，安排於第二至五章節，可依所需與狀況，調配閱讀順序。

銜農：土地的延伸

　　四合院曾與宜蘭及花蓮農友交流釀造經驗。宜蘭交流米麴、果酒與味噌，也去釀醬油的農場，看到麴室──先將糙米培成麴，再以糙米麴培成豆麴，成為豆米麴──醬油的靈魂，最精彩的是煮上一日的醬油，最後樂得兩小瓶醬油，作為紀念。花蓮部落的朋友則將長輩製麴過程拍成記錄片，分享部落的作法，我們也交流了製麴的方法。

　　這些釀造發酵的互動，原物料與發酵的菌種皆是關鍵，米麴與酒麴，都是以米為原物料，持續延伸收割後的培植，熟米做米麴、生米做酒麴，都是在地發展許久的發酵根本。

　　家中有瓶瓶罐罐發酵甕的朋友，在發酵期程，每天只上看顧一次，觀察發酵的狀況，這樣的情景有些像是「巡田」，到田裡左看右看，照料作物、記錄成長，祈求豐收，其實與釀酵過程類同。

　　釀造，是土地的延伸，接手收穫的農作，將農作養成沃土，透過微生物進行耕作培植。

　　釀造，也像是一場旅行，有人熟悉，有人尚待探索，歡迎依書釀旅，釀途愉快。

厚食：提升與便捷

　　在《大人的釀酒學》一書中，曾提到我們熟知兩位的主廚談及發酵，第一位是noma主廚Rene Redzepi曾說到：「我們幾乎每一道菜裡都有發酵，它影響一些細節和調味，而我們自認只掌握了些許皮毛，還有很多寶藏等待我們去挖掘。」

　　第二位也是我們熟悉的江振誠主廚，對於「發酵」的取捨，來自於「body-taste-aroma」料理三角原則，發酵擔任重要的角色：「補足缺口與提升完美料理的境界。」

　　釀造亦給予我們豐富的餐食，像是德國豬腳佐上酸菜、牛排搭醋漬洋蔥，或是臭豆腐的醋漬泡菜等，此外，像是味噌、高麗菜乾等，可以快速讓清水變成甘醇的湯頭，提升餐食的樣貌、便捷上桌。

　　我們將於第六章分享如何運用簡單的食材，依醋遊藝地做出溫暖且獨特的醋漬食。

成為自己的風土：
釀風造土，食原掘味

　　酒的發酵、醋的釀造，以及麴的培養，需要不同的風土。

　　從四合院離開，發酵才開始，經過每個人的手、關注與照料後，釀貌多元。

　　就以四合院「大人的釀醋學」課程，我們讓每位朋友帶回兩甕待釀醋，其中一甕是加入四合院提供的醋種，另一甕則請朋友開蓋，自行抓空氣中的醋酸菌，兩甕成醋，各有巧妙。此外，同一品種的蘋果釀酒、釀醋，因為每個人的環境、照料的方式，都會影響到釀品成味，或許部落的朋友說的「心情不好的時候，不能做酒麴」果真有些道理，原來情緒也是發酵的風土。

　　發酵成食的過程，揉入每個人獨有的風土，我們將於後面章節分享如何應用你所居的落菌釀醋。

　　到四合院上課的朋友，有不少是發酵新手，希望能先了解原理，學好再動手，能理解步驟背後的科學原因，而非只是做出成品；有些已是發酵老手的朋友，做中仍發現不少疑惑，卻無人可解「為什麼」，這些提問與好奇，都讓我們感到喜悅，因為我們

是如此期待，能深度交流、不藏私分享，而非只是做釀品而已，這也是每堂課程只有2～3位釀友的原因，期待保有彈性與討論空間。

有不少朋友問到：「為什麼四合院要以『大人』命名發酵課程呢？」其一，是我們以「食品科學」為載體，其二，是呼應大人與小孩的旨趣。

當我們成為「大人」時，如果身邊有孩子──還在探索世界的孩子，時常連環地提出「為什麼」，但仔細想想其實我們都曾是個小孩，曾經都帶著很多為什麼，所以取「大人」為名，是提醒我們曾經探索世界的初心，藉著發酵釀造找到「大人的樂趣」。

釀旅即將啟程，請您帶著「為什麼」的好奇心探索這趟旅程。

此趟釀旅各章景緻不同，有的雲霧繚繞而豁然開朗，有的平順而寬廣，旅行的路上偶有迷路的浪漫，或者迷失的驚慌，若感到驚慌，可回頭來看看本書的地圖─釀醋圖旅，鳥瞰自己所屬的安身之醋。

釀醋圖旅

啟程前，先以圖導覽本書途徑與沿途風景（見下頁圖）。

現在所在位置是第一章，主要是旅途前的寒暄，與初次或許久不見的各位，分享我們的所酵所見。

第二章，開門見醋，領取門票，直接搭上直達車，簡易上手。往第三章前進，可遇見醋酸菌與醋膜，對於有經驗的釀友而言，是不得不看的風景。若欲進階從原物料穀類或果實釀酒，進而發酵成醋，還想一探液態與固態發酵的不同視野，那絕對不能錯過第四章。

茶品的區別與發酵有關，茶湯發酵會是什麼滋味，又如何代代傳承？第五章將娓娓道來。如果你對發酵醋已熟稔，且喜愛醋漬的瓶罐風景，我們將於第六章分享醋漬食物與餐桌提案。

每個人都可以就著地圖安排自己的釀旅時序，建議先按著我們提供的章節順序飽覽一番，再擬定自己的行程。

●● 釀醋圖旅：實踐與成為自己的風土 ●●

第四章前

以果實為原物料，酵母為發酵載
具，為醋的發酵作準備。

水果 —— 酵母菌
（yeast）

第四章後

穀類 —— 黴菌
（mold） —— 酵母菌
（yeast）

穀類為釀造之始，黴菌
與酵母為載具，酒化。

酵母菌
（yeast）

茶水
果汁

第五章

茶發酵後，烹茶再發酵成紅茶菇，
酸甜微氣泡。

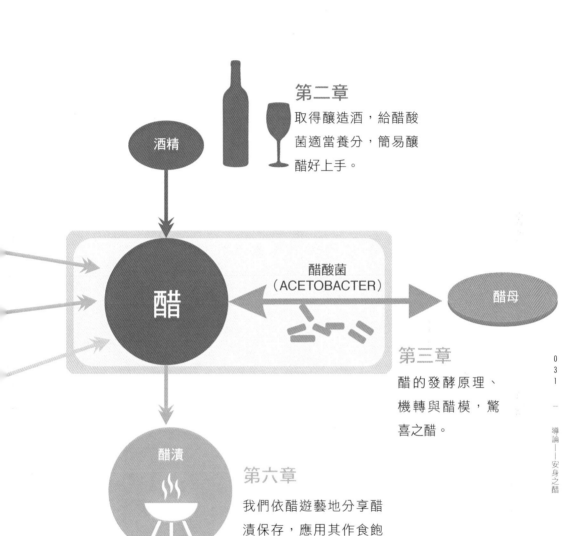

第二章
取得釀造酒,給醋酸
菌適當養分,簡易釀
醋好上手。

醋酸菌
(ACETOBACTER)

第三章
醋的發酵原理、
機轉與醋模,驚
喜之醋。

第六章
我們依醋遊藝地分享醋
漬保存,應用其作食飽
餐、解饞。

chapter 2

醋的釀旅——釀醋的行前叮嚀

曾有人問四合院：為什麼我們要自己釀醋。

有位朋友說因為到處都買得到，方便又便宜啊（但不確定這位朋友買到的是否為純釀醋）；也有人說，釀醋這麼簡單，為什麼會有人想花錢買醋， 我們接著回應「釀醋除了簡單，若能掌握醋種的要訣，還能持續釀醋，源源不絕而來，根本不必買醋。」

四合院進一步想說的是：發酵很有趣，很有挑戰，能與微生物共處過程，釀出風味獨特的釀酵品，就如第一章提到的「成為自己的風土」一樣；此外，釀製過程可以清楚掌控，食得安心怡然，而一一征服發酵過程中所面臨的挑戰，成就感十足，分享予朋友亦誠意滿分。

發酵釀造醋是有生命的，微生物在裡頭呼吸，請像照料寶貝一樣呵護，很快地就會發現醋的芬芳美好。

我們開釀吧！Let's ferment~

釀醋前的準備

容器的選擇

釀醋前，需要挑選適當的容器，如同我們旅行前，需要依據期程或旅地的天氣特性等因素準備所需行李，以提升釀酵的成功率，致使釀旅愉快。

一般來說，玻璃材質的容器，其材質較為安定，與醋液間的互應是最小的，為首選，所以我們選擇用櫻桃瓶來製作，一來，方便我們在發酵過程中的觀察，更重要的是容易清潔、不易殘留異物滋長細菌，以利發酵的進行。

如果是木的材質，因材質特性，可以給予更多的香氣與圓潤度，但從發酵的角度來看，如果發酵初期選擇用木桶的失敗率絕對大於玻璃材質，主要原因是因木材是多孔透氣的，會讓其他雜菌侵入（此處所謂的雜菌是指預期外的發酵微生物），建議木桶可用於陳釀的階段。

　　我們也可以選擇在瓶子底部帶有水龍頭的玻璃容器，方便釀作外，可視情況將新的原物料與醋種補入其中，只消打開開關，醋就源源不絕流出。

清潔：讓醋酸安生

選好容器後，接著最重要的步驟就是清潔與消毒，避免空氣中的野生菌種污染，增加發酵成功的機會。

「發酵的成敗關鍵，清潔消毒是王道」是四合院每次與朋友分享釀酵時，一定會提到的。

若想避免雜菌攻城掠地，得先確保我們的釀作環境與使用的瓶罐、可能接觸器具的清潔程度。發酵有一大部分的挑戰在於避免雜菌的污染，確保主要發酵菌種能勝出，避免太多不需要的微生物參與其中，與主要發酵菌種競爭，如此一來將大大增加發酵成功的機率，同時也方便在發酵過程中若出現非預期的情況，可以容易確認主要的變數因子。

如何確保呢？怎麼啟動防禦模式？通常會以75%的酒精進行手部與桌面器具的清潔（記得要擦乾、待完全揮發），也可將耐熱的容器或操作器具，丟入滾燙的沸水中清洗，而後晾乾再使用（注意熱消毒法不適用於塑膠或遇熱變質的材質）。

取得酒／發酵液

醋酸菌吃酒精變醋，所以我們要釀醋之前，得先釀酒，或者取得釀造酒，如葡萄酒、蘋果酒或清酒，請避免選擇變質、風味不良的酒。

透氣棉布與橡皮筋

與釀酒不同，釀醋不能在一個完全厭氧的環境，否則你的醋將會窒息。在製作醋的初始階段，需要適量的氧氣暴露，可選擇蒸籠（棉）布，或者擦手紙。

以橡皮筋將粗棉布固定在寬的瓶口處，如此一來，可讓空氣進入，又可避免聞香而來的昆蟲或異物掉入，發酵啟動後，約莫幾周到幾個月後，可嗅到氣味的轉變，醋味漸濃。

•┥ 醋 心 釀 慮 ┝••

增進自己的釀造工藝—測量工具（依情況選擇）

a 酸度測試工具：PH試紙／比重計／電子PH測量儀

• 試紙可以粗略獲得PH數值，判斷是否符合適當發酵的環境。

• 比重計的讀值，可讓我們判斷，酒精轉化為醋酸的進程，通常比重值
　會高於 1。

• 電子PH測量儀，能精準地讀
　出正確的PH數值，方便觀察
　釀醋過程酸化的進度，以便掌
　握發酵的終點。

b 酸度測試滴定套件

透過酸鹼滴定的方式，可以確
認釀造醋的正確酸度是否落在4
％至7％酸度範圍內，將於後文
說明操作方式。

c 酒精測試工具：蒸餾設備／
酒精度計

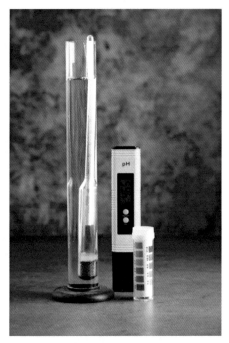

比重計／電子PH測量儀／PH試紙
（由左到右）

蒸餾設備與酒精度計的搭配，
可以讓我們確認發酵液的酒精
濃度，確保醋酸發酵，能達到理想的酸度。

簡易釀醋一次上手

行文釀字至此，應已經知道醋是從酒轉變而來──透過醋酸菌，在空氣流通的環境下，行醋酸發酵（醋化），就可以得到風味香醇的釀造醋，若釀造醋在未經過滅菌的狀況下，即所謂的活性醋（裡頭仍帶有菌種），可作為第一批釀醋的醋種使用，所以如果身邊朋友有人在釀醋（但要確定是否為釀造醋，浸泡醋不一定有活菌），也可以請他分享一些醋液作為釀醋之始。

此節將藉由上述簡單的概念，讓從未釀過醋的朋友，輕鬆體驗一下醋酸菌醋化的過程。

方法是跳過釀酒的階段，直接以活性醋加入酒來活化醋種，進行醋化而得到香醇醋，此過程即釀醋人常說的養醋；簡單說就是提供酒精來當作醋酸菌的營養源，進行釀醋的方法。

優良的醋種

可請有釀醋的朋友分享一些發酵液給你,也可以從商店購買天然有機醋開始,如布拉格的有機蘋果醋,或到發酵產品專賣店購買商業釀造醋種,又或者參照後文內容,以一顆蘋果開始,自行抓醋酸菌。

速釀原則

酒到醋的製作方法幾乎完全一樣，差別在於酒的種類，如果以釀造酒當作酒精來源，即屬於分類上的釀造醋，如果是將蒸餾酒當作酒精的來源，即第一章所提到的酒精醋。

在此過程，只要手上有優良的活性醋，接著需要考量的要點：控制酒精濃度。

一般來說，由於醋酸菌在3％至8％左右間的酒精濃度中，仍具有相當的活性，所以只需將酒精濃度控制在此範圍，經過時間的等待，香醇的醋將唾手可得。

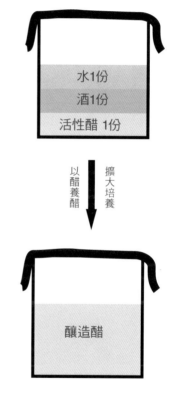

酒：活性醋：水＝1：1：1

簡易釀醋法的基本概念，就是將發酵液（如葡萄酒、蘋果酒、純釀米酒或清酒）與活性醋和水以1：1：1的比例混合，接著用透氣的布以橡皮筋固定在發酵瓶口，再將發酵瓶放置在避光處，經過幾週，醋味四溢。

●● 簡易釀造五步驟 ●●

　　米醋的釀造步驟與葡萄酒醋的釀造醋完全相同，差別在於酒的來源是蒸餾酒，因蒸餾酒只剩下酒精、香氣與水分，但養分不及釀造酒，因此所需時間會較釀造醋的速釀法較久。

　　從此角度考量，經過第一批釀造之後，如想再依相同比例複製，建議添加釀造酒（未蒸餾的米酒或清酒），除了養分外，香氣也會較為豐富。

葡萄酒醋—釀造醋速釀

材料

活性醋／酸度5左右⋯⋯⋯⋯⋯⋯⋯⋯⋯⋯⋯⋯250cc
釀造葡萄酒／酒精13%左右⋯⋯⋯⋯⋯⋯⋯250cc
飲用水⋯⋯⋯⋯⋯⋯⋯⋯⋯⋯⋯⋯⋯⋯⋯⋯⋯⋯250cc

米醋—酒精醋速釀

材料

活性醋／酸度5左右…………250cc
米酒／酒精20%左右…………250cc
飲用水……………………………250cc

Step by step

Step1 洗淨你將用於釀造醋的瓶子。

Step2 用酒精消毒或沸水煮沸的方式來消毒瓶罐。

Step3 將葡萄酒、活性醋與水，以容積比1：1：1的比例混合
在容器中。

Step4 發酵階段

a.蓋上粗棉布，並用橡皮筋固定。

b.建議維持25～30℃的環境。

c.過多的光可能減慢甚至停止醋的產製，建議將其存放
在避光黑暗處。

d.發酵過程中，可每週嗅其味，如果開始拓出刺激的酸
味，表示即將發酵完成，到後期時，請每隔幾天回來
看看你是否喜歡這種味道，此時可用湯匙取出少量的
醋液，滴在吐司麵包上品嚐它，麵包會散發濃烈刺激
的醋味，方便試味，也可避免酸度過高灼燒喉嚨。試
試看酸度是否有如預期，若如預期，可準備進入下一
步驟。

Step5 後處理

a.過濾：用濾布過濾，或虹吸管吸取上面澄清的液體即
為成品。

b.剩餘的醋液可作為下一批釀醋的醋母使用。

醋酸菌的活化（商業醋種的培養）

材料:

1. 市售酒≒12% 酒精

2. 市售成品醋≒5% 醋酸

3. 冷開水

4. 商業醋種（乾燥粉狀）

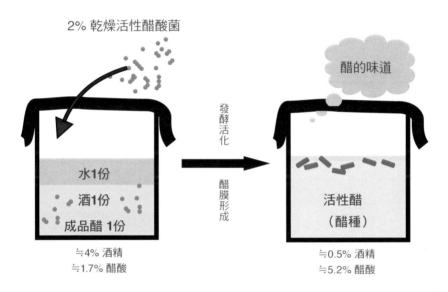

2% 乾燥活性醋酸菌

水1份

酒1份

成品醋 1份

≒4% 酒精
≒1.7% 醋酸

發酵活化

醋膜形成

醋的味道

活性醋
（醋種）

≒0.5% 酒精
≒5.2% 醋酸

舉例:

準備

1.釀造酒（≒12% 酒精）500 mL

2.冷開水 500 mL

3.一般成品醋（≒5% 醋酸）

將三種溶液混和倒入滅過菌的容器中，加入30g的乾燥活性醋酸菌種，蓋上透氣布，於25～30度的環境中靜置發酵培養，待有醋的味道及醋膜形成時，即可當作醋種使用。

提示:

1. 容器盡量選擇寬口的，以利提供大量氧氣供醋化使用。

2. 成品醋（無菌）的目的是增加溶液的酸度與提供醋酸的成分，主要是在酸性環境下較不容易有雜菌的汙染，且醋酸的存在也有利於醋酸菌的活化。

發酵終點：酸度的檢測

家釀者在沒有檢驗用具時，通常透過兩種方法來評估酒精是否已經完全轉換成醋（醋酸發酵完成），那就是透過鼻子聞聞，與舌頭的品嚐來判斷。

釀醋者大多有這樣的經驗，當用鼻子確認發酵狀態，深深呼口氣，常常因為醋的氣味及嗆力而咳嗽，雖然當下有點不舒服，但值得慶祝，因為釀醋成功了。

除了深嗅醋液外，還有些簡單、好上手的科學方法，能更精確地告訴你，釀醋已完善，還可以掌握酸度。

◉◉ 比重計：確認酒精是否已經完全轉換成醋 ◉◉

釀造瓶中的酒精完全轉換成醋酸時，因為醋酸的密度比水大，且醋酸分子溶解在水中，此時如果用比重計去觀察，會發現數值超過1.01克／立方公分，酸度高些甚至可以來到1.05克／立方公分，接著就是品嚐你獨特釀造醋的時候了。

⬤⬤ PH試紙／PH計：檢測酸的濃度 ⬤⬤

　　利用測試發酵液體中氫離子的濃度（PH）來確定醋的相對酸度，我們可以透過PH試紙的顏色變化來粗略得知，也可透過簡單的PH計來得到較精準的數值。

　　大多數醋都在2.8到3.4之間—數字越低，酸度越高。部分水果醋如檸檬醋實際上比大多數的醋都來得更酸，在PH2左右。當PH高於3.4時，酸度就不太容易察覺，此時就需提高酒精濃度，使發酵液更進一步的醋化。

酸度測試套件：
⬤⬤ 得知醋酸成分的酸度百分比 ⬤⬤

　　酸度百分比是指醋的強度，可以透過化學上酸鹼平衡的概念，來得知發酵液中醋酸的含量。利用強鹼氫氧化鈉（NaOH）添加到醋中，透過顏色轉變的視覺變化終點，來計算氫氧化鈉的使用量，即可套入公式換算出酸含量。

　　利用將NaOH緩慢滴入未知濃度的酸性溶液中，直至其與酚酞（一種作為乙酸指示劑加入的化合物）反應而變成粉紅色，在攪拌時它最終會保持其顏色，達到這個階段所需的NaOH量將幫助您計算出醋的酸度百分比，這個方法能在家透過簡單的套件，輕鬆檢測自己的釀造醋。

滴定試劑套件應包括

10毫升的針筒注射器
1個測試反應容器
酚酞指示劑
氫氧化鈉（NaOH）溶液

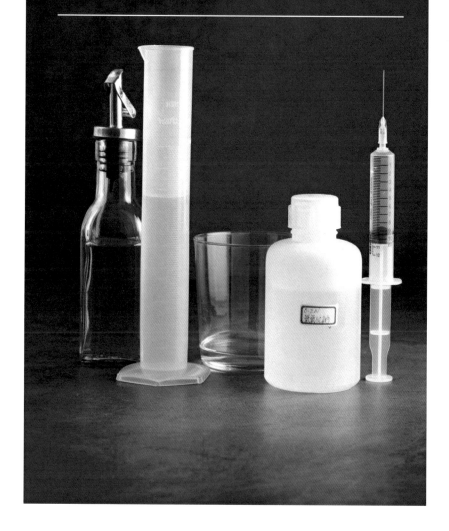

可滴定酸分析步驟（**Titratable acidity**）

分析樣品準備

1. 以針筒吸取3mL的樣品及7mL的純水至容器中混合均勻。
2. 以清水潤洗針筒數次，丟棄潤洗水。
3. 於容器中滴入3～4滴的酚酞指示劑混合均勻。

滴定過程

利用將NaOH緩慢滴入未知濃度的酸性溶液中，邊滴邊搖晃，如圖所示：粉紅色會在搖晃過程中消失，一直到其與酚酞反應而變成穩定的粉紅色，持續攪拌時它仍保持粉紅色狀態（表示為滴定終點），達到這個階段所需的NaOH量，藉此計算出醋的酸度百分比。

4. 以針筒吸取10mL之0.2N 氫氧化鈉溶液，一次1～2滴加入容器中並搖勻，直到容器中的顏色出現穩定持久的淡粉紅色（若是測試紅酒，則會出現淡灰或灰紫色）。

5. 記錄用掉的氫氧化鈉總mL數，每毫升代表0.4%醋酸。也就是說如果用了10mL的氫氧化鈉溶液，代表樣品中含有4%的醋酸。

經過此章的過程，相信各位對於釀醋已經有初步概念了，且會發現，想要釀造自己的醋，除了科學的檢測方法外，並不需要特別的器具，只需掌握三個條件：空氣、酒精與醋種（如下圖）。

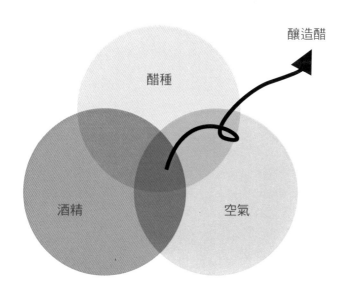

1.乾淨與空氣流通的環境

因醋酸菌這微生物喜歡在有氧的環境中生存，有適當的環境，才會努力地產製出醋。

2.好的酒精來源

你可以依季節釀出不同的果酒，或自釀米酒，或盡可能購買到優質的酒來當作醋酸菌的營養源。

3. 優質的活性醋

可從朋友手中取得，或從有機商店購買。 當你成功釀出一瓶醋時，也可從中倒出一點分享給你的朋友，皆大歡喜。

chapter 3
釀醋的科學——醋酸發酵

醋的輪廓

食醋是一種國際性的重要調味品，是日常生活中常見的飲料，
是利用各種原料經發酵後所產生的酸味調味劑。

於前章，各位已經獲知簡易的釀醋方式，習得分析醋品質的方式，不妨試著啟動短程釀旅。或者手上如有一瓶獨具特色的釀造醋，記得與朋友分享，覓得一群釀醋同好，就可各自釀造、彼此交流，品嚐各式醋風味。

　　醋在食品加工上，分屬於酸性食品，具有保藏性佳及殺菌能力等特性。然就營養觀點，其經人體吸收代謝變成鹼性食品，具有改善體質、增加免疫力等生理機能。

醋的分類與定義

依中華民國國家標準（2005），根據製作方式的不同，主要分為釀造食醋與合成食醋，其中釀造食醋又分為穀物醋、果實醋、高酸度醋、調理食醋及飲料食醋。

對釀造食醋的定義為：以穀物類、果實、酒精、酒粕及糖蜜等為原料之酒醪，或此類酒醪添加食用酒精後，或以食用酒精經醋酸發酵而成之調味液，但不可添加醋酸、冰醋酸或其他酸味劑。其中家釀常見的穀物醋或水果醋的酸度要求少都高於4%以上，如想檢視自己的釀造醋是否達到標準，可透過前章的方式來檢核酸度。

在分類上，值得一提的是：調理食醋。是以釀造食醋為主原料，添加各種配料（如糖、鹽、食用油脂、蔬菜、果實及果汁等）而成之製品，但不得添加合成醋酸或其他酸味劑，此類產品如香醋（烏醋）、壽司醋及沙拉醋等。我們將於後面章節，與大家分享如何釀製。

❶穀物醋

4.2%以上

穀類為原料釀造而成，如米醋、酒糟醋、麥芽醋及高粱醋等。

❺飲料食醋

4%以上

以釀造食醋為主要原料，添加果汁、蜂蜜、糖類、酸味劑等而成之製品，可供直接飲用，但不可添加合成醋酸。

❷果實醋

4.5%以上

果實為原料釀造而成，如葡萄醋、橘子等。

❸高酸度醋（含酒精醋）

9%以上

酸度高於9％以上之產品。

❹調理食醋

1%以上

以釀造食醋為主要原料，添加各種配料。如糖、鹽、食用油脂、蔬菜、果實及果汁等而成之製品，但不得添加合成醋酸或其他酸味劑，此類產品如烏醋、壽司醋及沙拉醋等。

合成食醋

4.2%以上

以冰醋酸或醋酸之稀釋液，添加糖類、酸味劑、調味劑（如胺基酸）及食鹽等製成之調味液中添加釀造食醋混合而成者。

■■■ 釀造食醋　　■■■ 合成食醋　　酸度（％，以醋酸計）

包裝食用醋標示規定

從107年7月1日開始,若僅以釀造食醋為原料,添加其他原料製成的調理食醋,應於包裝明顯處加註「調理」字樣。

以醋酸或冰醋酸之稀釋液添加糖類、酸味劑、調味劑及食鹽等製成之調味液,或以此調味液添加釀造食醋混合而成的合成食醋,應於包裝明顯處加註「合成」字樣。

什麼又是釀造醋呢?食藥署解釋,「釀造醋」是以天然穀物、果實等發酵而成;「調理醋」是以釀造醋為原料,添加水果或蘋果汁等調製而成;「合成醋」則是以醋酸或冰醋酸稀釋液添加糖類、酸味劑等製成的調味液。

若市面上的醋分為釀造醋、調理醋與合成醋,哪個是市售最常見的呢?依據食藥署統計,大宗為調理醋,接著才是釀造醋與合成醋,為透明消費資訊及強化包裝食用醋的標示管理,若調理食醋或合成食醋未依規定標示「調理」、「合成」字樣,可處新台幣3萬元至300 萬元以下罰鍰。另外,合成食醋係以醋酸或冰醋酸之稀釋液為原料製成,倘標示宣稱釀造字樣,涉標示不實,可處4萬元至400萬罰鍰。

釀造醋與合成醋之分辨

由於醋酸為食用醋之主要成分，部分廠商會於釀造食醋中添加醋酸或冰醋酸稀釋液，或直接將醋酸或冰醋酸稀釋液調味、調香與添加醬色，冒充釀造食醋銷售。

此兩種添加醋酸或冰醋酸稀釋液之合成食醋，由於製作成本較低，為純釀造食醋業者最大競爭者。然因釀造食醋除醋酸外，尚含有賦予食醋良好口感與風味之二級代謝產物，消費者可藉由品評的方式分辨出。

為保障消費者與廠商權利，不少學者致力於偽劣食醋之分辨。於科學的方法上，釀造食醋與石化物合成之醋酸相比，合成食醋中放射性同位素C14的比例較低。另以逐步判別分析法選出總酸對氧化指數之比值、甲醇、1-propanol、ethyl propionate、3-methyl-1-butanol、2-methyl-1-butanol、acetoin與proline八項分析值，建立釀造食醋與合成食醋之判別模式，其判別率可達97%。

用途及其營養價值

　　食醋以酸味純正、香味濃郁、色澤鮮明者為佳，主要成分為乙酸、高級醇類等。生活中常用之釀造食醋以「米醋」及「果醋」為主，根據產地品種的不同，食醋中所含醋酸的量也不同，一般在5%〜8%之間。食醋酸味強度的高低，主要是其中所含醋酸量的多少所決定。

釀造食醋中除了含有醋酸以外，並有其他對身體有益的營養成分，如乳酸、葡萄糖酸、琥珀酸、氨基酸、糖、鈣、磷、鐵、維生素B2等。根據文獻表述，這些豐富的營養成分，各具有特定的藥理作用，但我們認為醋就是醋，無論是釀造還是合成，它就是一種酸性飲料，喝醋或使用醋料理都在於它的風味與酸爽的口感，其健康療效，就當是附加價值吧。

此外，醋酸具有相當強大的殺菌、抑菌能力，抗氧化能力相當適合食材保存的應用。根據文獻結果，於殺菌能力，食醋有殺死白喉桿菌和流行性腦脊髓膜炎、麻疹、腮腺炎病毒的效力；食醋對食源性病菌有抑菌和殺菌作用，可作為生涼菜的食用消毒劑；米醋在製造過程中所產生的梅納反應產物類黑素（melanoidin）有良好之清除自由基能力；將醋添加到金槍魚肉產品內，可以有效抑止油脂氧化的發生，此部分的功能於後面章節將介紹如何應用於食材的保存。

食醋能抑制血糖濃度的快速變化，控制餐後的高血糖；也能促進體內鈉的排泄，改善鈉的代謝異常，從而抑制體內鹽分過剩所引起的血壓升高。黑醋可以抑制腸管吸收脂質，抑制脂肪過氧化，抑制肝腔脂質的合成及末梢組織脂質利用的升高，具有限制肥胖的作用；米醋能減少過氧化脂質的量，加速皮膚的新陳代謝，減少烏斑、皮膚鬆弛和皺紋，具有抗氧化、抗衰老、美容的作用。除醋有強烈的破壞和分解亞硝酸鹽的作用，並能抑制嗜鹼性細菌的生長和繁殖，因而食用陳醋可起到防癌的功效。另外，食醋還具有預防骨質疏鬆症、抗疲勞、促進食物消化等作用。

醋怎麼來

經歷前文，了解如何享受醋賦予我們的益處後，接著，將以科學的角度來看釀醋這件事。

接下來的這段旅程，像是登高望遠，過程中可能時而輕鬆，時而顛簸，或者可能登頂有高山症或缺氧頭昏，又或者豁然開朗、眼界大開，不管如何，你都可以自己能接受的速度，並調整呼吸，續行前瞻。

醋的發酵，在操作上簡單、不複雜，需要的就是時間的等待。但前提是，得要天時地利人和，才可品嚐到醋的美味， 並不見得總是那麼順利，有時等了又等，就是等不到醋香纍纍，過程中可能會有些狐疑：「現在到底是在釀酒？還是釀醋？還是不酒不醋？或者酒醋盡失？」

會這麼說的原因是，在某次課間，有朋友聊到：「三四年前，依著朋友給我的配方，用黃熟梅跟砂糖混合去發酵。期間陸陸續續有打開來品嚐，結果讓我很疑惑，聞起來既沒有酒味，不是會

有酒化產生酒精？也沒有醋味，不是說酒化後常常打開與空氣接觸，會繼續醋化嗎？但打開僅僅是很濃郁的梅子味。」這樣的情況，就是進入酒醋盡失的期程。

　　這位朋友起初可能不清楚，聽來的配方是要釀酒，還是釀醋，誤以為發酵越久結果就會越棒，卻得到不酒不醋的成品，所以「釀得越久越好」的說法，值得思考或提出疑問，另因沒有適時保存，就可能酒醋盡失。

　　也聽過其他人分享，長輩要求對釀造品不理不聽不問，走佛系釀造風格，有的朋友則是身心煎熬，深怕失敗，所以不眠不休地看顧；大家在上完課後才打破迷思，這就是為什麼我們想更詳細地介紹釀醋過程，並解釋背後的科學原理，因為當我們了解後，就能得到更可靠，且接近預期的果酵。希望每個人都能掌握釀醋成功的關鍵，找到適合自己的釀旅步伐、以及釀醋的最適方法。

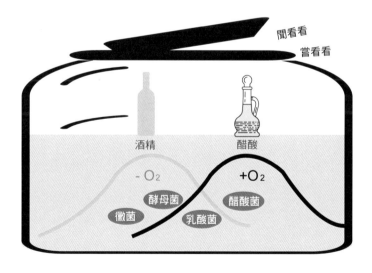

醋的釀造原理

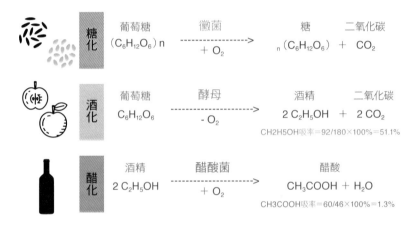

糖化 葡萄糖 $(C_6H_{12}O_6)n$ 黴菌 $+ O_2$ → 糖 $n(C_6H_{12}O_6)$ + 二氧化碳 CO_2

酒化 葡萄糖 $C_6H_{12}O_6$ 酵母 $- O_2$ → 酒精 $2 C_2H_5OH$ + 二氧化碳 $2 CO_2$
CH2H5OH吸率＝92/180×100%＝51.1%

醋化 酒精 $2 C_2H_5OH$ 醋酸菌 $+ O_2$ → 醋酸 $CH_3COOH + H_2O$
CH3COOH吸率＝60/46×100%＝1.3%

大人的釀醋學

以原料來分類，通常以水果或穀類為原料。

如果是以水果為原料，整個發酵過程主要分成兩個階段進行。

第一階段—酒精發酵（酒化）

利用適當的酵母菌使含單糖或雙糖的液體，轉化成酒精和二氧化碳等產物。

由其中的化學式可以算出：1公克糖理論上可以產出0.51公克酒精，但實際上約2公克糖產出1公克酒精。

第二階段—醋酸發酵（醋化）

酒精在適當的條件下，於特定醋酸菌的作用下與空氣中的氧結合，即生成醋酸和水。

由其中的化學式可以算出：1公克酒精理論上可以產出1.3公克醋酸，但實際上約1公克酒精產出1公克醋酸。

醋酸　　醋酸細菌　酒精　　　　　糖　　　　　澱粉

如果以穀類為原料，發酵過程除了前述的酒精發酵與醋酸發酵外，還需多個糖化作用。

從原物料到香醇的釀造醋，必須走完此三大階段，當大家看到圖中這條酸度之旅的圖譜後，對於這趟釀旅更加安心，因為讀完此章，就可掌握從酒精到醋酸的醋酸發酵階段。

在往下走之前，我們先釐清一下，為什麼醋酸菌能夠在醋化的過程，將酒精代謝轉換成醋酸，它到底是什麼樣的微生物？透過什麼樣的機轉呢？

釀醋主要微生物——醋酸菌

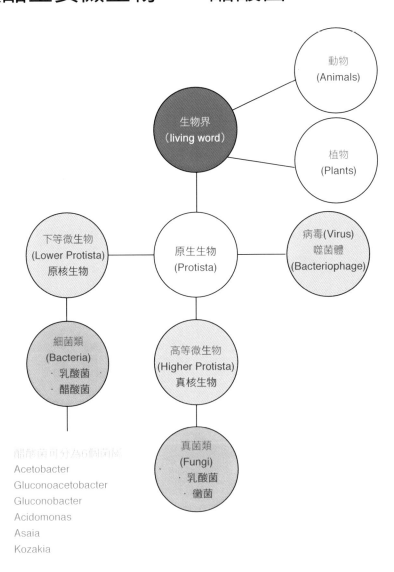

醋酸菌可分為6個菌屬
Acetobacter
Gluconoacetobacter
Gluconobacter
Acidomonas
Asaia
Kozakia

●● 醋酸菌的特性 ●●

醋酸菌屬於好氧菌，於有氧的條件下，凡是可氧化酒精生成醋酸，並可耐低PH值的細菌均可稱為醋酸菌（Acetic Acid Bacteria）。在微生物的分類學上，醋酸菌與發酵食品中常見到的乳酸菌（Lactobacillaceae），均屬於原核微生物類的細菌（bacteria）。

在外型上，醋酸菌屬細胞形狀多為橢圓形或桿形，於環境溫度5～42℃的範圍均可生長，但最適生長溫度落在25～30℃間。對於酸鹼的耐受性來說，相當耐酸，一般PH值在2～9的環境中均能生長，但PH值5.5～6.3為最適生長範圍。

醋酸菌幾乎可以說是無所不在，可能存在於花、果、蜂蜜、清酒、葡萄酒、生醋、醋工廠、紅茶菇、果園土壤、水溝等處，日常生活中發酵的果汁、醋飲和含低濃度酒精的飲料中，都可以很容易地分離出醋酸菌。

然不同種的醋酸菌有不同的特性，有些喜歡生長在富含酒精的環境中，有些喜歡生長在富含糖分的環境中。所以從自然界中分離醋酸菌時，如果分離的環境來源在富含酒精的場所，其所分離出來的菌種大都屬於醋酸桿菌屬（Acetobacter），如果分離的環境來源在富含糖的食物中，其所分離出的醋酸菌為多為葡萄糖酸桿菌屬（Gluconobacter）。

葡萄糖酸
桿菌屬
Gluconobacter

· 多從葡萄糖含量豐富
的食物或發酵液分離
· 喜糖
· 不能使醋酸繼續氧化

醋酸
桿菌屬
Acetobacter

· 多從含有酒精的
環境或液體分離
· 不喜歡糖
· 可使醋酸氧化成CO_2

代表菌種
· 紋膜醋酸桿菌
（Acetobacter aceti）
· 許氏醋酸菌
（Acetobacter schuzenbachii）

葡萄糖醋
桿菌屬

代表菌種
· 木質葡萄糖醋桿菌
（Gluconoacetobacter xylinum）

酵母菌

乳酸菌

◉◉ 醋酸菌的種類 ◉◉

　　近年來隨著分子生物技術的快速發展及應用在菌種分類研究上，醋酸菌屬及菌種數目改變甚多，這些包含了舊有菌種重新命名以及新的分離菌種。截至2003年3月為止，醋酸菌可分成6個菌屬，分別為Acetobacter、Gluconoacetobacter、Gluconobacter、Acidomonas、Asaia、Kozakia。

醋酸桿菌屬（Acetobacter）

可在含有乳酸鹽類的培養基生長良好，通常以銨鹽為主要的氮源，但在含有葡萄糖的培養基生長較弱。

主要代謝是以酒精當作最主要的碳源，將酒精氧化成醋酸的細菌，平均來說對於酒精的耐受性較高，能在5～10%酒精度的發酵水果酒、穀類酒中繁殖，是釀造食醋主要的菌屬，其中紋膜醋酸桿菌（Acetobacter aceti）及許氏醋酸菌（Acetobacter schuzenbachii）為釀造食醋的代表。

醋酸桿菌屬（Acetobacter）在醋化的過程中，會在表面形成薄膜，一般稱之為醋膜或醋母，但醋膜的生成量會依不同種別而有所差異。

葡萄糖酸桿菌屬（Gluconobacter）

此屬醋酸菌除了可以代謝產生醋酸外，也能夠代謝葡萄糖，將葡萄糖氧化，生成葡萄糖酸。全球盛行的康普茶（紅茶菇）即含有此類菌種，所以在康普茶中富含葡萄糖酸。

和醋酸桿菌不同的是，葡萄糖酸桿菌不會進一步氧化醋酸為二氧化碳和水。

葡萄糖醋桿菌屬（Gluconoacetobacter）

醋酸菌屬中如被歸類於葡萄糖醋桿菌屬者，其同時包括了醋桿菌屬及葡萄糖酸桿菌屬的特色，也就是對於醋酸發酵及葡萄糖酸發酵皆能進行達某種程度者。

文獻上原本被歸納為醋桿菌屬的木質醋桿菌（Acetobacter xylinum），後來因代謝特性的關係被歸納為葡萄糖醋桿菌屬，更名為Glucoacetobacter xylinum（木質葡萄糖醋桿菌）。其特色之一就是具有最高的纖維素生產能力，是Nata產製很重要的菌種。

酒醋盡失的關鍵

為什麼會酒醋盡失呢？主因為醋酸桿菌屬（Acetobacter）的醋酸菌，含有乙醯輔酶A合成酶，可進一步導致過氧化作用。

所謂過氧化作用是指發酵過程中當乙醇即將耗盡而有氧存在時，代謝途徑發生改變，將醋酸進一步氧化為二氧化碳和水的作用，其反應式為：$CH_3COOH+O_2 \rightarrow CO_2+H_2O$。過度氧化作用是與醋酸菌將乙醇代謝為醋酸的氧化作用同時進行的。在乙醇含量將耗盡時，過度氧化作用的反應速度會加快。

為避免或減少過度氧化，在發酵過程中必須注意，不使發酵液中的乙醇耗盡。專業釀造者會在後期酸度升至 4 ％以上時，每小時測一次總酸，如總酸上升緩慢，品溫漸趨平穩，酒精體積分數降至0.2％以下時，就會立即終止發酵，以減少醋酸的損失。

這也是在釀醋過程中，當發現酸度不再上升，酒精氧化將完成時，即需將醋液進行過濾裝瓶密閉保存，或於香醋的釀造過程加入食鹽，抑制醋酸菌繁殖與發酵，甚至進行加熱滅菌以防醋酸分解的原因。

醋酸菌的代謝機轉

　　依據前文得知：不同的醋酸菌會有不同的代謝能力，醋酸菌可以透過下列兩種代謝產生醋酸。

●● 醋酸菌在醣類的代謝 ●●

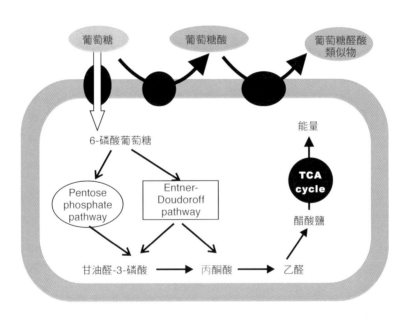

　　醋酸菌細胞膜上的酵素先將葡萄糖氧化成葡萄糖-6-磷酸（glucose 6-phosphate），接著再氧化成6-phospho gluconate，而後走Entner-Doudoroff（ED）pathway及Pentose phosphate pathway產生甘油醛-3-磷酸（glyceraldehydes 3-phosphate）及丙酮酸，甘油醛-3-磷酸可再形成丙酮酸，丙酮酸經丙酮酸去氫酶（pyruvate decarboxylase）產生乙醛（acetaldehyde），再經乙醛去氫酶（acetaldehyde dehydrogenase）形成醋酸，醋酸再進入TCA cycle代謝產生能量。

　　於途中我們也可發現，部分菌種的細胞膜上帶有特定的酵素，能將葡萄糖氧化成葡萄糖酸及葡萄糖醛酸的類似物，依據文獻的表述，此些成分與醋對於健康有所助益具相當的關係，它能與各種毒素結合，然後予以消除。

● 醋酸菌的酒精代謝 ●

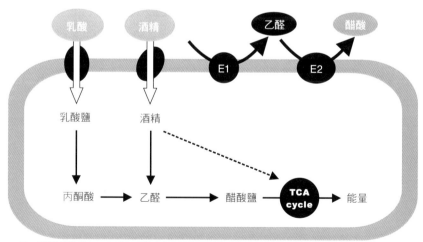

E1：酒精去氫酶　　E2：乙醛去氫酶

當發酵基質中含有酒精存在時，酒精會被醋酸菌細胞膜上的酒精去氫酶（alcohol dehydrogenase）及乙醛去氫酶（acetaldehyde dehydrogenase）轉換成醋酸，此外酒精也會進入細胞中，形成醋酸進入TCA cycle代謝產生能量；另外醋酸菌也能利用乳酸做為能量來源，乳酸能在進入醋酸菌細胞中轉換成丙酮酸，再經酵素作用生醋酸而代謝生成能量。

●● 醋酸菌的其他反應 ●●

不同醋酸菌的發酵產物不同，除了生成醋酸外，還能生成羥基酸，如羥基乙酸、羥基丙二酸、酒石酸、草酸、琥珀酸、己二酸、庚酸、甘露糖酸和葡萄糖酸等。當酒中的醇類與這些酸類發生酯化反應時，即會生成不同的酯類，構成食醋中香氣的成分。所以有機酸種類越多，其酯類的香味就越豐富。

影響醋酸發酵之因素

菌種間的差異

當我們對醋酸菌的種類、代謝機轉都清楚後，接著要進一步了解的，就是如何營造醋酸菌想要的理想發酵環境，避免前面所提及的狀況，等了又等，就是等不到醋香的日子到來。

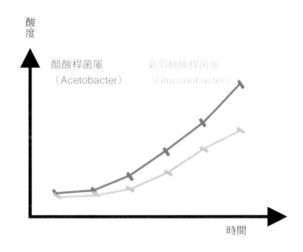

我們已經知道醋酸菌有不同的菌種，有的喜歡酒精，有的喜歡糖，有的比較會產生纖維，有的纖維量產生較少，可說是各有姿態、風情。就釀醋的角度而言，無疑的就是希望透過醋酸菌產生大量的醋酸，只要能夠產生大量醋酸的醋酸菌，就會被優先選為釀醋的菌種，至於會否產生纖維，就不是我們首要在意的重點。

不同菌屬的醋酸菌，就會有不同的產酸量，多數研究顯示，醋酸桿菌屬（Acetobacter）的產酸能力優於葡萄糖醋酸桿菌屬（Gluconoacetobacter）（如上圖），如果你很在意酸度的高低，可試著取得專門釀醋的菌種，讓釀醋事半功倍。

我們以不同活性醋當作醋種，作為釀造酵力的比較，可以看見商業菌種與德國有機醋的酸化醋度與產酸能力相當好，檸檬雖啟動較慢，但產酸能力也不錯。野生釀造醋，感覺只產生纖維素，但無產酸能力。至於加入非有機鳳梨醋時，不知其中具有什麼成分，無論纖維素或酸的產量，表現都不盡理想（請參閱下圖）。

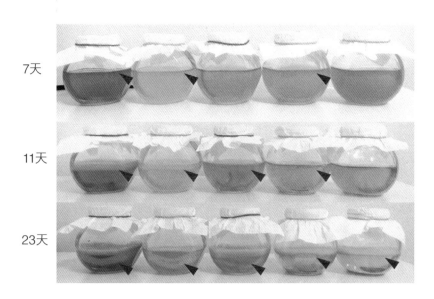

	商業醋種	德國有機醋	檸檬有機醋	野生釀造醋	非有機鳳梨醋
原PH	3.85	3.97	3.74	3.96	3.83
14天	2.85	2.91	3.02	3.83	3.67
32天	2.74	2.87	2.64	3.60	3.53

市售不同有機醋做為醋母的差異

●● 酒精與醋酸之比例 ●●

　　酒精具有殺菌能力，但適量的存在有助於醋酸菌的活化，研究顯示，0.5%以上的酒精可活化醋酸菌。雖然醋酸菌能將酒精當作能量的來源使用，但醋酸菌進行醋化作用時，也有其最適當之酒精濃度，因為醋酸菌生長的遲滯期（lag PHase）與酒精濃度成正比，當酒精濃度達4%時，醋酸菌氧化的能力便開始受到抑制（如下圖右）；高濃度酒精會抑制醋酸菌的生長（如下頁圖表），且可發現葡萄糖酸桿菌屬較不喜歡高濃度酒精的環境。須注意酒精濃度過低導致過氧化現象。可藉由前面介紹的方式，來判斷掌握發酵完成的狀態，請適時且妥當的保存，我們所釀造的醋，就可維持穩定的酸度。

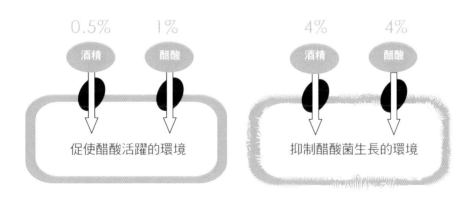

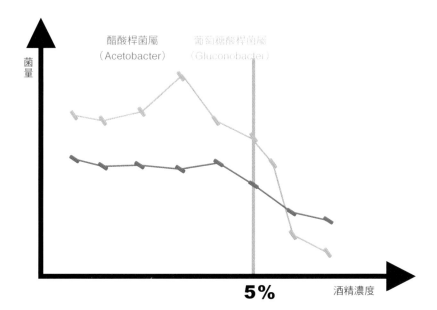

菌量

醋酸桿菌屬
（Acetobacter）

葡萄糖酸桿菌屬
（Gluconobacter）

5%

酒精濃度

　　我們知道釀醋時會加入適量活性醋當作醋種，一方面是因為活性醋所提供的酸度，可以降低空氣中雜菌污染的機會；另一方面，研究發現，活性醋中所提供的醋酸濃度達1％～2％ 時，對醋酸菌的生長有激發的作用，但當醋酸濃度提高到4％時，又開始有抑制作用的狀態。

　　據此，可以進一步理解前面快速釀醋的配方：酒、醋與水的釀造比例為「1：1：1」的原因，其目的就是將酒精濃度與醋酸濃度調整到醋酸菌喜歡的環境，接著只需給醋酸菌時間做工，點時成醋。

醋酸菌與酸度PH的關係

一般來說，醋酸對微生物為一種細胞毒，當醋酸濃度高於0.5%時，就會引起微生物生長遲滯。醋酸的毒性作用機制在於未解離之醋酸分子具弱親脂性（lipophilic nature），使醋酸分子可擴散通過細胞膜，因此細胞膜內醋酸濃度會增加，進而分解細胞膜。

醋酸菌應用於食醋之釀造已有千年歷史，醋酸菌可於5% 的醋酸濃度下生長，以半連續發酵方式釀造甚至可以超過14％。之所以醋酸菌較其它微生物可耐高濃度醋酸，主要是醋酸菌在酸性環境中會產生一種叫做acetate stress proteins （Asps）的蛋白質，以適應高濃度的醋酸環境。

研究結果顯示，於釀醋過程中，當酸濃度提高，使PH值低於3時（酸濃度高），加上5%～7 %酒精等不利微生物生長因子的作用，雖可生長、發酵產酸，但其發酵率明顯低於PH較高（酸濃度低）的發酵環境處理。

而一般釀造酒的PH值在未調整前約落在PH3.5左右，但是為了調整酒精度，加水稀釋之後就會再提升趨近於PH4，剛好落在醋酸菌最活躍的狀態，因此釀醋過程所需的發酵液，多數不須特別調整酸度。

●● 氧氣 ●●

我們已經知道醋酸菌為絕對好氣菌（strict aerobes），因此，發酵環境中氧氣供應是否充足，將是重要的影響因子之一，會影響醋酸菌存活力與產酸能力。

相關研究指出：當醋酸濃度達6%時，只要缺氧與停止振盪達10秒，即會完全抑制醋酸菌之產酸能力；但醋酸濃度低於4%，缺氧720秒並不會抑制其產酸能力，表示醋酸菌在酸及酒精存在下，如果缺氧過久，將會使其細胞結構發生形態之改變，進而影響產酸能力，這也是傳統釀醋因多採用靜置發酵方式，而無法產生高酸度醋的原因。

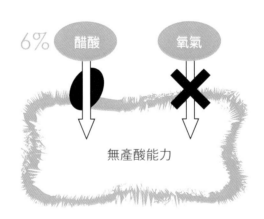

醋酸菌生長速率最大的溫度為30.9℃，醋酸發酵是耗氧的生物氧化放能反應，每公升酒精進行氧化作用時放出8.4MJ 能量，這樣的能量產生將使發酵槽的溫度有2～3℃的波動。

玩發酵的朋友，多能感受到溫度的劇烈變動，會對發酵食產生影響；如釀酒時釀出酸酒，或養麵包酵母時會忽然停滯不動，多數都是因為溫度的波動所導致。有趣的是，微生物與我們一樣，在忽冷忽熱的環境中，很容易感冒，對醋酸菌而言也是這樣，如無法盡量將溫度維持穩定，將會導致醋酸菌生長受到影響—產酸之速率，溫度控制是相對關鍵的因素。

醋酸菌生長速率最大的溫度為30.9℃，但研究也發現，部分菌種於32～34℃發酵溫度下的醋酸生成率較30℃高，不過如果發酵溫度高於34℃後，反而不利醋酸菌的生長，所以一般釀醋的溫度都希望落在25～35℃之間，過高與過低都會讓醋化的時間拉長，這也是冬天釀醋，點時成醋所需時間比較長的原因。

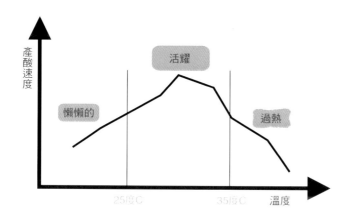

醋的主成分

　　食醋之組成中包含糖、有機酸、胺基酸、無機鹽、香氣成分與多酚類（polyphenol）等物質，每一種物質的含量會隨著發酵原料的不同而有差異。而多酚類之存在則是因為水果原料的關係，例如蘋果醋提供了蘋果多酚。

●● 有機酸成分 ●●

　　酒醋中有機酸成分含有醋酸（acetic acid）、乳酸（lactic acid）、丙酮酸（pyruvic acid）、蘋果酸（malic acid）、檸檬酸（citric acid）、琥珀酸（succinic acid）、焦谷氨酸（pyroglutamic acid）、酒石酸（tartaric acid），當我們以不同原料來源進行釀造時，其有機酸成分也會有差異，例如以蘋果為原料發酵的蘋果醋，其蘋果酸（malic acid）的含量就會較葡萄醋為高，反之葡萄醋的酒石酸（tartaric acid）含量則較蘋果醋高。

　　發酵過程微生物的參與也會導致有機酸含量的改變，如蘋果酸可能因乳酸菌的參與，經由蘋果酸乳酸發酵將蘋果酸轉變成乳酸，而乳酸含量於醋酸發酵過程中會被氧化，使得乳酸於醋酸發酵完畢後含量明顯的下降。

胺基酸及無機鹽成分

經研究學者分析市面上販售之米醋中，胺基酸組成有Lys、His、Arg、Thr、Ser、Pro、Gly、Ala、Cys、Val、Met、Ile、Leu、Tyr、Phe 等，而其中之總胺基酸量，依照醋的製造廠商不同而有所差異，不同胺基酸將帶給醋不同的味覺，例如甘氨酸（Gly）、丙氨酸（Ala）、絲氨酸（Ser）及蘇氨酸（Thr）就會讓醋帶有甜味的感受。另胺基酸的存在也會影響熟成期間醋的色澤變化。

而無機鹽類組成方面，包括有Na、Ca、K、Mg、Cu、Fe 等常見礦物質，其中Ca離子的存在與否是影響醋化過程中醋膜是否形成的主要關鍵（見P93醋膜的形成機制）。

香氣成分

以不同原料發酵而得之釀造醋，較為共通的香氣成分為酯類、醇類、酮類及揮發性有機酸等。實際上醋的香氣成分複雜性高，除了不同原料的差異性之外，同一種原料所發酵的醋也可能因為原料產地不同，受天候、土壤及溫度等原因而有所差異。從這些組成分的差異報告顯示，自己釀造醋有其一定的樂趣與成就感，因為從你手中所釀造出來的醋，絕對是獨一無二的。

醋的陳釀後熟作用

　　上述了解到醋中的主要成分，決定了醋的品質，包括色、香、味，而色、香、味的形成是十分錯綜複雜的，除了在發酵過程中形成的風味外，還與陳釀後熟有關。例如山西老陳醋剛發酵完畢時風味一般，但經過夏曬、冬冰長時間的陳釀後，品質大為改善，色澤黑紫、質地濃稠、酸味醇厚，並具有特殊的醋香味。

　　雪利酒醋在橡木桶中進行兩年熟成貯藏試驗，雖然高級醇類揮發性化合物在貯藏熟成過程中呈減少之變化，但乙酸乙酯則呈增加的趨勢。結果顯示因水分子從木桶之纖維縫隙的蒸發效應，使其乾物重、醋酸、多數酚類化合物與多數酯類化合物濃度增加。同時也使得產品風味強度、風味豐富性、乙酸乙脂氣味（ethyl acetate）、木頭香、刺激感與整體感等感官特性明顯增加。這些變化主要是陳釀後熟過程中發生了下列作用：

色澤變化　由於醋中的糖分和氨基酸結合產生類黑色素等物質，使果醋色澤加深。醋的貯存期愈長，貯存溫度越高，則色也變得愈深。

風味變化　氧化反應：如酒精氧化生成乙醛，果醋在瓶中貯存 3 個月，乙醛含量可增加30％。

酯化反應：主要就是酯化反應，因果醋中含有多種有機

酸，與醇結合生成各種酯。在果醋陳釀後熟中，貯存的時間越長，酯類生成的數量也越多，此過程受溫度、前體物質濃度等因素的影響。氣溫越高，酯化速度越快，所生成的酯也越多。

因發酵方式的不同，將帶有不同的前體物質濃度，研究顯示，固態發酵的前體物質較液態醋醪中的前體物質多，故醋中酯的含量也較液態發酵醋多。

另外在貯存過程中，水和醇分子間會啟動結合作用，減少醇分子中的活度，這將使果醋味變得醇和。所以一般來說，剛釀好的醋可再經1～3個月的貯存陳釀，風味將會顯著提高，使口感柔和、香味派鬱。

•⊣ 醋 心 釀 慮 ⊦••

前體物質的意義

為了進一步提高發酵的產率，在某些發酵過程中，除了供給微生物基本的碳源、氮源、無機鹽、生長因子和水分等五大成分外，還會添加某些特定物質，這些特定物質常與菌種的特性及合成產物的代謝有關，目的在於提升發酵的產率進而降低成本。這些物質能與微生物在生物合成代謝過程中的過程產物結合，本身的結構沒有多大變化，但終產物的量卻因這些物質的添加而提高，此些特定物質稱為前體物質。例如生產絲氨酸（Ser）及色氨酸（Trp）的發酵過程，就會分別添加甘氨酸及吲哚來提高產量，此處的甘氨酸及吲哚即為所謂的前體物質。

醋膜：醋旅的驚喜

　　曾在200位釀友的講堂分享後，有位朋友私下急忙地拿著醋瓶說：「我的醋中怎麼有一塊一塊半透明，ＱＱ彈彈的東西？我的醋壞掉了嗎？它是被污染了嗎？該怎麼處理？」此外，也有位朋友說他曾買過純釀醋，放了好幾年後，也發現這樣的懸浮物，不曉得是什麼，因而就放著，不敢輕易飲用；相信曾試著釀醋、或者覓得純釀醋的朋友，都有過這樣的經驗。

　　這些朋友言中帶「驚」的漂浮物，其實就是醋膜。醋膜，就像我們的母親一樣，往往是生活中最重要的人之一，對於釀醋而言，也是重要關鍵，俗稱醋母。

　　若釀醋過程中發現它的芳蹤，表示你的發酵桶裡含有健康的醋酸菌，值得恭喜，但是，如果沒發現的朋友，也不必太過擔心，因為不同的醋酸菌種，會有不同的釀景樣態。如紋膜醋酸桿菌（Acetobacter aceti）的菌種，看起來就只是表面有點光滑的樣子，微微隆起或凸狀，時間拉長後，則細胞變得平面、粗糙、皺紋的外觀。

以下將進一步說明醋膜的角色與功用，往後看到它不需要再那麼害怕，不妨視為可遇不可求的驚喜，可以有新的想法與不同的應用。

液面上層網紋狀

紋膜醋酸桿菌（Acetobacter aceti）的菌種

醋膜（細菌纖維素）

　　所謂的醋母是一種黏稠纖維素的集合，常會在釀醋的發酵桶中看見它，通常在發酵液和空氣的交叉處形成，它是醋酸菌將酒精代謝轉化成醋酸的副產物，是難得的釀旅景緻。

　　釀醋的過程中（醋化過程），一般都是靜悄悄的，不像釀酒時有明顯的冒泡現象，讓我們得以判斷發酵是否正常進行或完成，除了透過鼻子的嗅覺感受到改變外，醋膜的形成（如下頁圖），是唯一可從視覺觀察到的變化。

　　在大多數情況下，自製的醋會產生一塊相當份量的醋膜在發酵桶的表層，可試著觀察與感受：健康的醋膜會漂浮在上面，厚度均勻，觸感柔軟有彈性；隨著時間的拉長它開始下沉，環境養分允許時，會在表層再長出新的。

　　下沉的醋膜可以送給想釀醋的朋友，是相當理想的醋種來源，成為邀請釀旅夥伴的珍寶。如果都不理會它，一段時間後，醋就會蒸發，發酵景緻就會變成滿是醋膜的發酵瓶。因此，我們建議醋化完成後，應該盡快過濾並裝瓶。

醋膜的形成機制

　　醋酸菌合成纖維素的過程中，其生成快慢的決定成分為尿苷二磷酸葡萄糖（UDP-glucose），尿苷二磷酸葡萄糖會經由纖維素合成酶（cellulose synthase）催化而形成纖維素，因此纖維素合成酶的活性控制就成為主要的關鍵步驟。

　　纖維素合成酶位於細胞膜上，為一完整膜蛋白（integral membrane protein）。當二價鈣離子存在時，二鳥苷酸環酶（diguanylate cyclase），可將兩分子的GTP環化形成環狀二鳥苷酸（cyclic-di-GMP），而環狀二鳥苷酸將會啟動纖維素合成酶的活性（如下圖）。

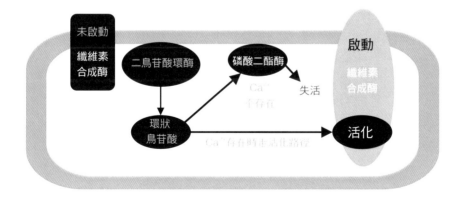

在了解纖維素合成酶啟動方式後，我們來看醋酸菌如何直接代謝醣類合成纖維素，目前比較清楚的機制是：

1. 葡萄糖進入醋酸菌的細胞內後，經由葡萄糖激酶（glucokinase）作用進行磷酸化反應，生成葡萄糖-6-磷酸鹽（glucose-6-phosphate）。

2. 生成葡萄糖-6-磷酸鹽經磷酸葡萄糖變位酶（phosphoglucomutase),作用進行異構化反應,生成葡萄糖-1-磷酸鹽（glucose-1-phosphate）。

3. 葡萄糖-1-磷酸鹽經尿苷二磷酸葡萄糖焦磷酸化酶（UDPG-pyrophosphorylase）作用生成尿苷二磷酸葡萄糖（UDP-glucose）。

4. 尿苷二磷酸葡萄糖經纖維素合成酶（cellulose synthase）作用將葡萄糖接至纖維素多醣鏈上。

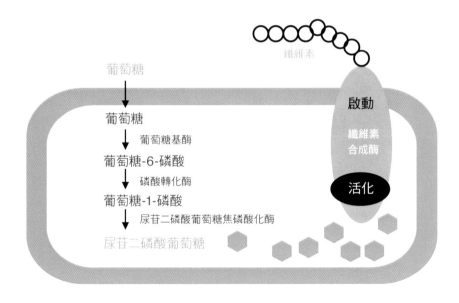

簡單而言，葡萄糖經代謝後所生成的尿苷二磷酸葡萄糖（UDP-glucose），經纖維素合成酶的作用，將葡萄糖接至纖維素多醣鏈上形成纖維。

依據上述的合成概念，如果醋酸菌數量很多，很活躍，就會產生菌體分裂時，菌體母細胞之原纖維會將微纖維平均分配至兩個子細胞上，隨著纖維素的合成作用持續進行，因此會在原纖維上形成分叉，而此分叉隨著細胞分裂之繼續進行，而不斷地增加每條纖維彼此相交連，慢慢的形成一個網狀結構，裡面富含大量水分（如下圖），看似陌生，其實就是我們所熟悉的椰果。

這也是為什麼在釀醋時，除了加入活性醋當作醋種外，如果可能，就多加一塊醋膜，這樣醋酸菌量就更具有發酵優勢。

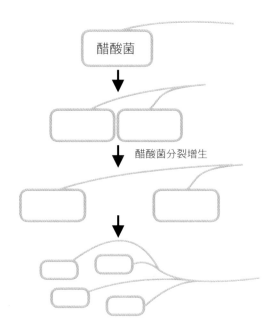

醋酸菌

醋酸菌分裂增生

醋膜：日常的椰果

醋膜這塊Q彈、不溶於水、堅韌的纖維狀產物，稱為「Nata」，源自於拉丁文字的「nature」，意指漂浮物「to float」，在食品上的應用，就是我們俗稱的椰果；一般市面上常見有兩種商品，以椰子水或椰奶為主要原料者稱為「Nata de coco」（西班牙文，意指Nata of coconut）；以鳳梨汁為主要原料者則稱為「Nata de pina」（Nata of pineapple）。

Nata（中譯「那塔」）的成分，主要是水分與粗纖維，其中水分高達98.9%，粗纖維含量為1.13%，至於Nata的產量受糖之濃度與酸鹼值影響，在生產過程中，通常是透過前述的木質醋酸菌（Acetobacter xylinum）培養於含有有機酸與糖的椰水或果汁中，經發酵培養所形成。

由於Nata具有平滑的質地、高纖、高度的保水性（water-holding capacity）及低黏度（viscosity）等特性，可作為食品添加物使用。且Nata經過毒性試驗後證實對人體無不良影響，是公認的無毒性添加劑，於食品加工中常用的方式為果凍、罐頭、軟糖、流質飲料與香腸，如右圖所示。

果凍

為國內最常見的產品型態。將糖漬過
後的纖維素加入果汁中,再加入洋菜
予以凝膠而成果凍產品。

罐頭

將纖維素切丁,加入白木耳、蒟蒻、
鳳梨、紅豆等調製而成。

軟糖

是由多種不同口味的果汁所調製而成
的,由於本身具有的彈性及咀嚼感,
使其於風味和組織類似水果軟糖。

流質飲料

將纖維素打碎,再加入果膠等增稠
劑,作為高纖飲料食用,此種產品於
日本相當盛行。

香腸

利用替代部分脂肪以製造中式香腸
等,以提供多汁性及口感。

影響Nata生產之因子

◉◉ Nata生產菌株的取得 ◉◉

　　各種不同菌株所生產Nata的量都不盡相同，目前仍以木質葡萄糖醋桿菌（Glucoacetobacter xylinum）所生產的量最多。可從市面上購買活性康普茶作為種源，或從你釀造多瓶的各醋桶中，選出一桶醋膜產量較大的，取其液體甚至醋膜當作菌種，但這樣的來源如能再添加一點酵母菌，效果會更好。

◉◉ 碳源 ◉◉

　　依研究所示，木質醋酸菌為發酵菌種時，如能以果糖作為單一種糖當作碳源時，濃度控制在7%的狀態下效果最好。以果糖作為碳源時，同一時間內產量明顯高於蔗糖，因蔗糖是雙糖，所以使用蔗糖當為碳源時的速率會比較慢。如果只能使用蔗糖作為碳源使用時，建議控制糖度在5～15%左右，這樣木質醋酸菌會有較高的Nata產量。

◉◉ 有機酸 ◉◉

　　有機酸不但可以作為碳源供給菌株生長，還可營造一酸性環境，使得生產Nata菌株成為優勢菌，因此生產的流程中，皆會添加有機酸。 在含有葡萄糖的培養基中，添加醋酸使添加量為2～4%的醋酸，有較佳的效果。

◉◉ 氧氣 ◉◉

　　如同前述釀醋的條件，醋酸菌屬於好氧菌，必須利用橡皮筋將透氣棉布固定在寬的瓶口，營造空氣對流的環境，這樣醋酸菌才有辦法正常地進行代謝。

◉◉ 溫度 ◉◉

　　菌株菌可生產Nata的溫度範圍是15～35℃，而有最大產量的溫度則是在室溫28～31℃之間，此溫度即為Nata發源地菲律賓日常之氣候溫度。在72小時就可以觀察到Nata的生成。當溫度過高（>35℃）或過低（<25℃）都將延緩生成的速度。

● PH 值 ●

A. xylinum 為一種耐酸菌，於PH 3.5～7.0 之間皆可以生成纖維素，其中又以起始PH 為4.5～6.0 時可得最高產量，且所形成的纖維層較厚、較結實；當PH低於3.5時，纖維素則無法合成，但菌體仍可存活，這是因為：PH的改變會影響菌體細胞膜的結構、通透性及生化活性，在極不適合的PH環境下，仍可以有效地調節菌體內部的含氫量，維持生命體，但相當耗能。我們可看到A.xylinum 不似大部分細菌傾向於中性培養環境，反而偏向於酸性環境，也因此，於腐敗蔬果或高酸性食品常可發現A. xylinum 的足跡。

可見PH值為醋酸菌生長及纖維素合成的一項重要因素，這也是為什麼釀醋時需添加一些醋液的原因之一。

● 容器深度與表面積的影響 ●

於代謝過程中，細胞會釋出二氧化碳累積於基質和纖維素表膜內，因此於靜置培養時，基質深度越深，可能造成更多的二氧化碳累積於培養基的表面，形成空氣-液體介面（air-liquid phase）之嫌氣環境，而抑制菌體生長及纖維素表膜的生成。

　　以相同的培養面積，不同的基質深度發現，基質深度越高，其整體產量越高，但就單位體積而言，產量則逐漸遞減。另以相同的基質體積於不同的表面積下培養發現，培養面積越大者，其纖維素膜產量越高，此結果就我們釀造紹興醋經驗，也得到相同的趨勢。

　　所以釀醋的時候，盡量選擇寬口容器，且發酵液不要加太高。

Nata（椰果）的生產實作

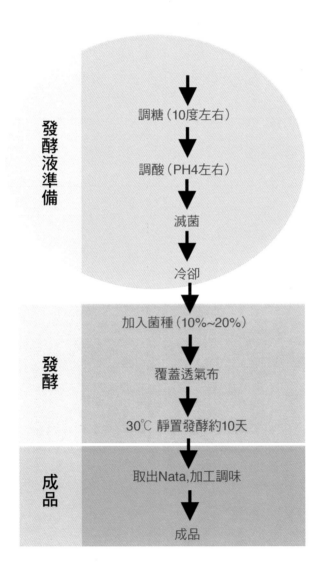

發酵液準備

　　調糖（10度左右）

　　調酸（PH4左右）

　　滅菌

　　冷卻

發酵

　　加入菌種（10%~20%）

　　覆蓋透氣布

　　30℃ 靜置發酵約10天

成品

　　取出Nata,加工調味

　　成品

在瞭解一些關鍵變因之後，我們發現，Nata的生產和醋的生產方式相近，唯一的差別在於釀醋時在意酒精的含量，而在Nata生產時，比較在意糖的含量，因糖的多少也決定了Nata的產量。

傳統Nata的生產如圖所示。椰乳經過調糖及調酸之後，接種菌酛並倒入一加侖的醃漬廣口瓶內，使發酵液達7.5 公分高，在28～31℃ 靜置培養，在表面形成1～2公分厚的Nata纖維層即可取出，剩餘的培養液可作為下次生產時的菌酛。

而發酵液的準備也很容易，除了椰水和椰乳可作為生產Nata的原料外，許多果汁也曾被利用於Nata的產製：如鳳梨汁、柑橘果汁、甘蔗果汁、蓮霧果汁等，可提供於生產過剩或外觀不良品的水果另一個衛農的方向。

•┤ 醋 心 釀 慮 ├••

Nata行前提醒

1.調糖：依果汁原有糖度補足不夠的糖，建議糖度控制在15度。

2.調酸：加入果汁量10%～20%的醋種。

3.發酵過程不要隨意地移動，因為液面的任何動搖都可能導致Nata下沉，會造成液面另一層Nata的合成而無法累積厚度。

椰子汁

砂糖

菌種

寬口玻璃瓶

蒸籠蒸布 1片

橡皮筋

75%酒精

作法

1. 將用於發酵的瓶子洗淨。

2. 用酒精消毒或沸水煮沸的方式來消毒瓶罐。

3. 將椰子汁進行調糖，補足不夠的糖分。

4. 加入10%～20%的醋種液，不但可以調酸，還提供了豐富的微生物。

5. 蓋上粗棉布，並用橡皮筋固定，置於30℃的溫度與陰暗處（過多的光可以減慢、甚至停止醋的產生）。

6. 進入發酵程序，過程中會看到Nata逐漸地變厚，約莫1～2公分左右即可取出，加工後即為成品。

Nata的兩階段發酵法

培養液經接菌後,先經振盪培養數天,再行靜置培養,謂之兩階段發酵法。

醋酸菌為絕對好氧性菌,不論是氧化葡萄糖生成葡萄糖酸,或是氧化酒精產生醋酸,皆需要氧氣;而振盪培養能增加培養體系的溶氧量,有利於醋酸菌的生長,進而促進產物包括有機酸及纖維素等之產生。

兩階段發酵法與傳統製法的差異,在於培養液接菌後是否有經過振盪培養才進行靜置培養。研究證實,額外經過三天的振盪培養後,培養液的菌體密度是傳統製法之100倍,將加速醋化或Nata的形成。

這樣的觀念,亦可應用於釀醋過程:如果你想趕緊感受醋的魅力,可以通過充氣來加速醋化的過程。通過提供更多的表面積和液體與空氣之間的頻繁接觸,將使酒精的轉化更快,曾在與外國廚師做發酵交流時,他以使用於魚缸的空氣馬達打入空氣到發酵液的方式,加速醋的發酵,就如上述的發酵概念。

chapter 4
釀醋的科學與實作

酒精濃度的知識

　　經過第三章的腦力激盪後，是否已經對醋酸發酵的過程與掌控更有信心呢？如果你是初學者，沒有關係，理論部分，是希望讓你可以思考與具備判斷力，若暫時缺氧或懼高、感到吃力，請記得相關理論背後與實物相關的結論即可，或者直接實作，再回頭發問、逐一核定。

　　循序閱讀前面的章節，應該對於酒醋同源有概念，要釀醋，得先釀酒，不過釀酒又是另一門專業，本書較著重於釀醋，若對於釀酒有興趣的朋友，可以參閱《大人釀酒學》一書，裡頭詳細介紹了酵母菌的發酵概念與釀酒的方式，可從中習得各式釀酒的方法，從自釀酒，轉化成醋，一次囊括酒化與醋化旅程，如果以穀類釀醋，多了糖化之旅。

　　對於釀醋而言，除了自行釀酒外，還可以從外援酒液，購得或朋友分享獲得的酒液，需要的是確認其酒精濃度，因 1度的酒精約可產出1度的醋酸，所以酒精濃度的高低，會影響醋酸發酵，接著，釀旅即將進入測得酒精濃度的途徑。

酒精濃度的預測

　　酒的形成是酵母菌於無氧狀態下,將葡萄糖在細胞內經糖解作用而得的代謝產物。其過程是將可發酵性糖(葡萄糖)磷酸化後,分解成磷酸三碳糖,再分解成丙酮酸,丙酮酸進而行脫梭作用形成乙醛,最後經乙醇脫氫酶的催化下,還原形成酒精(請見下圖)。

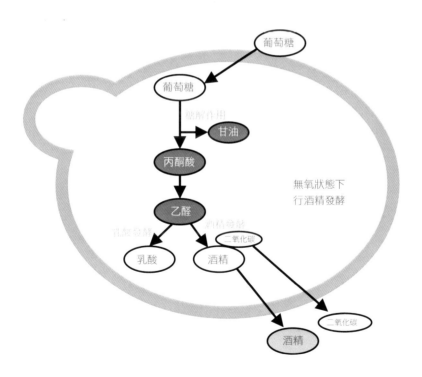

在無氧狀態下，生成酒精的過程，會不斷地將糖消耗殆盡，糖被消耗得越多，酒精生成的量就越多，呈正比的關係。

對於這樣的酒化反應，理論上乙醇收率約51.1％。實際操作上約2度的糖產生1度的酒精，因此，如果是自行釀酒時，只要控制發酵液的糖度，就可略預測酒精濃度的落點，舉例而言，我們直接購得蘋果汁來釀酒，其糖度是12度，將可以得到約6度酒精的蘋果酒（請見下圖）。

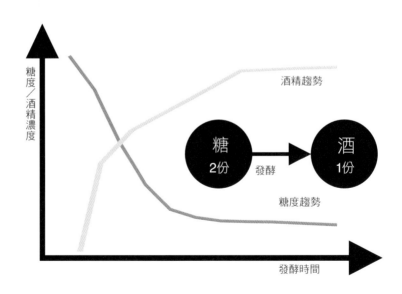

酒精濃度的分析

如果是朋友送的自釀酒，一般沒有酒精濃度標示，就較難得知酒精濃度，可透過下列的分析方法來確認。

蒸餾——酒精度法

（Distillation and hydrometric analysis）

先以蒸餾方式，將酒液中酒精等揮發性成分分離出來，再利用酒精度計於20℃的條件下（或配合酒精度對照表修正），測量其蒸出液之酒精含量。

Step by step

1. 量取100 mL澄清的釀造酒。
2. 倒入蒸餾瓶中。
3. 連接各管徑（如下頁圖示），冷凝管需充入冷水。
4. 加熱，接收瓶接收蒸餾酒至90mL 後，以蒸餾水將冷凝管底端殘液洗至接收瓶中並調整至100 mL。
5. 徹底混合均勻後，將蒸出液倒入量筒中以酒精度計測定含量，單位以Vol %表示。

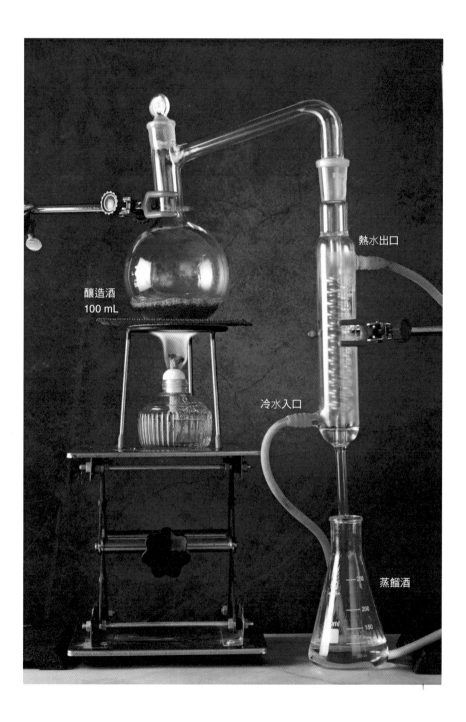

釀造酒
100 mL

熱水出口

冷水入口

蒸餾酒

釀酒先釀醋，然而酒精又有抑菌的效果，那到底要多少酒精度的酒，才適合釀醋呢？接下來的旅程，需要先釀作適合醋酸菌的酒精濃度。

果酒釀造成功三關鍵：
調糖、調酸、優勢酵母菌

酒精與醋酸發酵的過程，都有微生物參與，差別在於前述的醋酸發酵是透過醋酸菌；酒精發酵是透過酵母菌。我們需要調整發酵環境，讓酵母菌感覺到舒適，釀酒就會成為易事，其三大關鍵為調糖、調酸與優勢酵母菌的選擇。

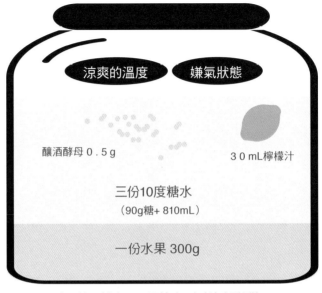

涼爽的溫度　　嫌氣狀態

釀酒酵母0.5g　　　　　　　30mL檸檬汁

三份10度糖水
（90g糖+ 810mL）

一份水果 300g

釀酒的關鍵步驟—酒精度5度（適合釀醋）

●● 調糖：一份水果＋三份10%的糖水 ●●

　　以台灣的水果糖度來說，約落在10到20度間，平均糖度約15度左右，如果以釀高濃度酒精的酒為目標，都必須藉由「補糖」的方式，使其增加至適當的糖度，以達足夠的酒精濃度。

　　如以濃縮果汁或蜂蜜等高糖度的原料進行釀造，則需以稀釋的方式進行「調糖」，使其降至適當的糖度，否則將因高糖的滲透壓對酵母菌造成抑制，無法行酒精發酵。

但對於釀醋所需發酵液的需求，還記得前述酒精濃度需控制在多少嗎？是的，只需5度的酒精，是最適合醋酸菌進行醋化的條件，就無需特別調糖，因為台灣多數的水果直接釀酒，會落在5%～8%之間，但為了讓酒精度接近5%左右，我們理出一個可以釀各式水果酒以釀醋的方式：一份水果＋三份10%的糖水，依照這樣的比例，平均下來的糖度就趨近於10度，轉化成酒精後，就會接近5%酒精，對釀醋的朋友來説相當方便。

●● 調酸：一公升發酵液約加半顆檸檬汁 ●●

適當的酸平衡，對釀製酒十分重要，於微生物的角度上，酸度太高會影響酵母菌的生長，延緩發酵時間，酸度太低，發酵果醪又容易遭受汙染。

因此，釀造果酒前，最好將果汁的PH調整到最適的範圍4左右，PH太高對於抑制雜菌的生長及果酒品質的維持都不利。

在我們家釀經驗中，除了酸度特高的水果，如檸檬、梅子、金香葡萄、黑后葡萄外，多數的水果都可利用檸檬汁來提高酸度；一般來説，一公升的發酵液，加入半顆檸檬，就可以接近所需酸度。如想較精準檢核的朋友，可利用酸檢滴定的方式，分析發酵液的總酸，再利用添加蘋果酸或檸檬酸來進行調整。

●● 優勢酵母：添入微量釀酒酵母菌 ●●

　　一般來說，水果果皮上常存在著許多野生酵母，只要在適當的糖度與酸度下，即可進行自然發酵。然而野生酵母相對容易受許多因素的影響，如雜菌的汙染，以及可能不具酒精耐受性，產生的香氣不如預期，不具溫度耐受性等，皆會導致發酵過程延緩或中途停止發酵，釀出低酒精濃度或甜度過高的酒。

　　因此，我們傾向選擇純化釀酒用的乾酵母來進行發酵，除了能夠釀出較好風味的酒之外，還有發酵完後會形成顆粒狀沉澱，緊密聚存在發酵桶底部，提升轉桶過濾的便利性、可以更容易取得上清液。

　　商業乾燥酵母是經由冷凍乾燥後保存，於酵母的活性及發酵的穩定度與能力都較有保障，其酵母菌量每公克約達10^{10}細胞，需要的用量微乎其微，約每公升發酵液只需0.5g的用量，但仍須依廠牌建議用量操作。

　　照著前述旅程規劃，接著得營造厭氧、約25℃左右的環境中，啟動釀酒醋旅程。

以果汁釀蘋果酒醋

直接以果汁釀酒，與取用果實釀酒相比較，步驟上少了最耗時的原料前處理，及轉桶過濾果渣的過程，可節省時間。果汁釀酒還有這些好處：

- 可以釀造各產區的水果酒，只要取得不同產地的濃縮果汁即可釀造。
- 省去水果加工前處理步驟。
- 相對較少的沉澱物。
- 無野生酵母，酒的品質容易控制。
- 輕鬆釀造個人喜好的酒精飲料。

雖說原料發酵液的型態與水果原料不同，但發酵液的調配概念都一樣，動手試試吧。

┤ 醋 心 釀 慮 ├••

果汁釀酒醋之提示

1.以果汁釀酒的糖度，可從成分標示很輕易地得知，查看碳水化合物的百分比，即是果汁的糖度。

2.市售果汁的PH值約在3～4左右，所以此部分的酒精發酵，不需要特別調酸。

大人的釀醋學

表層醋膜狀醋較為透明

INGREDIENTS

蘋果汁·····························1000 mL
醋種（醋液＋醋膜）···········約250 mL
釀酒酵母·····························0.5g
櫻桃瓶·······························1個
蒸籠蒸布·····························1片
橡皮筋
75%酒精

1. 清潔與消毒環境及用具，針對預計觸及發酵過程的用品與環境，像是發酵瓶、桌面、湯匙等。

2. 注入1000 mL的蘋果汁。

3. 加入釀酒酵母0.5g，攪拌溶解。

4. 蓋上瓶蓋，記得鎖緊後再往回鬆一點，避免爆瓶。

5. 觀察是否有明顯的泡泡產出，若有，即表示發酵啟動。

6. 約莫10天左右，且無明顯產氣、液體變得相對澄清、瓶底有沈澱物，即可取上面澄清部分，即為蘋果酒。

7. 將醋種加入蘋果酒中，醋液的量約莫10%～20%（依醋液的酸度微調），若能添入醋膜，更能增加成功的機率。

8. 以橡皮筋將蒸布固定綁緊在瓶口處，營造有氧環境、避免異物掉入，接著將瓶蓋輕輕的放在蒸布上面（不蓋住），目的在防止醋化的芬芳，吸引來小昆蟲、果蠅等。

9. 找個陰暗處靜置，慢慢等待，過程中會看到醋膜的形成，即表示醋酸菌已活化起來，正進行醋化旅程，可嘗試用鼻子來嗅聞，或透過酸度分析的方式，來判斷發酵終點。

10. 當酸度如預期時，即可取出上清液，即為蘋果醋。

11. 將蘋果醋清液裝入窄口的瓶，瓶蓋鎖緊，避免過度氧化，就可以緩嚐慢品。

以果實釀蘋果酒醋

　　有別於果汁發酵酒醋，你也可以選擇用果實來發酵酒醋，依四合院的經驗，大多數朋友都很享受挑選與處理果實的過程，接著，直接以水果原料來釀造，或許你也能嘗試感受這樣的魅力。

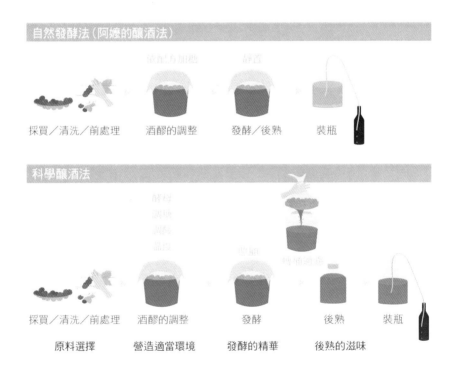

自然發酵法（阿嬤的釀酒法）

採買／清洗／前處理　　酒醪的調整　　發酵／後熟　　裝瓶

科學釀酒法

採買／清洗／前處理　　酒醪的調整　　發酵　　後熟　　裝瓶

原料選擇　　營造適當環境　　發酵的精華　　後熟的滋味

一般來說，以水果原料釀造的果酒，都稱為水果酒（wine），但因葡萄酒的歷史及市場佔有率太大了，所以不是葡萄釀製的果酒都稱為「fruit wine」，但有個例外，以蘋果為原料釀製的不稱為fruit wine，而是大家常聽到的「cider」，因此國外稱蘋果醋為「cider vinegar」。接著，將以蘋果酒為例，帶大家了解殺菁、切塊、加水的比例等水果酒釀造的應用，選果時，請優選未上蠟的蘋果，若果皮上蠟，建議削皮，帶果皮者需殺菁。

⊷┤ 醋 心 釀 慮 ├••

建議殺菁的果實

「殺菁」為果實預熱處理的動作，需視果實特性，於至少90℃水中處理30秒至5分鐘不等，主要目的為使果實質地軟化、脫氧、抑制氧化酵素，不易褐變、去除不良氣味、降低其他雜菌干擾。

不易壓榨、適合帶皮釀造的水果都需殺菁，像是水梨、柿子、紅肉李、金棗、芭樂、水蜜桃、蓮霧、荔枝（殺菁後去皮）等；殺菁的時間長短，得依果皮的薄度與脆弱程度調整，越是脆弱，所需時間越短。

以果實酒釀醋，可能因前體物質豐富，醋膜較明顯。

INGREDIENTS

蘋果	300g
砂糖	90g
開水	810cc
釀酒酵母	0.5g
醋種（醋液＋醋膜）	約200 mL
釀酒酵母	0.5g
櫻桃瓶	1個
蒸籠蒸布	1片
過濾布	1條
橡皮筋	
75%酒精	

作法

1. 清潔與消毒環境及用具：雙手、桌面、水果刀、砧板與發酵瓶蓋皆須消毒，以75%酒精噴灑後拭乾，待酒精揮發完，備用。

2. 清洗水果：將蘋果表面灰塵與髒污洗去，若果皮有上蠟，可於此階段削去。

3. 殺菁：煮開一鍋水後，將蘋果置入，藉滾動的水將果實凹陷處的灰塵滾而帶出，並完成表面殺菌，滾煮約60秒，以建構友善發酵微生物的環境。

4. 切塊去核：為能讓果肉完整發酵，建議以切小塊、均勻、不糊爛為原則；另外，蘋果果核可能有發霉的狀況，有時肉眼無法判斷，加上果核的榨汁率低，建議去果核。

5. 入發酵瓶：秤量確認本次發酵所需的果肉量後，即可放入發酵瓶。

6. 加入果重三倍量的10度糖水。

7. 調酸：擠半顆檸檬至發酵瓶，若檸檬籽有破損的情形，建議挑除，以免產生苦味。

＊使PH降至3～4左右，每公升加半顆檸檬（約30cc）即可。

8. 加入釀酒酵母。

9. 攪拌：待上述程序完成後，將糖、汁液、果實等攪拌均勻。

10. 上蓋：為避免異物落入發酵瓶、影響發酵品質而上蓋，因發酵會產氣，請勿旋緊。

11. 發酵過程：可以看到明顯產氣，並有酒帽產生，每天早晚要攪拌一次，讓酒帽壓入液面下

12. 待酒帽不再形成，且無明顯氣泡，表示主發酵已經完成，即可進行轉桶過濾，過濾出的汁液即為蘋果酒。

13. 將準備好的醋種加入蘋果酒中，進行醋酸發酵。

14. 以橡皮筋將蒸布固定在瓶口處，避免異物掉入，接著將瓶蓋輕輕的放在上面（不蓋住），目的在防止醋化過程中，因醋酸吸引來的小昆蟲果蠅等。

15. 找個陰暗處靜置，過程中會看到醋膜的形成，此時表示醋酸菌已經活化起來，正進行醋化的過程，接著就可藉由鼻子來聞聞看或透過酸度分析的方式，來判斷發酵終點。

16. 當覺得酸度適當，將上清液取出即為蘋果醋，裝入窄口的瓶子，鎖緊瓶蓋，避免過度氧化，即可慢慢品嚐。

多個糖化作用即可進入米醋階段

以穀類為原料來釀醋，須經過糖化作用、酒精發酵和醋酸發酵三個主要過程，這三個過程各有不同種類微生物的參與。

如麴霉黴菌中的糖化型澱粉酶使澱粉水解為糖類，蛋白酶使蛋白質分解為各種氨基酸；酵母菌分泌的酒化酶使糖分解為酒精；醋酸菌中的氧化酶將酒精氧化成醋酸。整個穀類食醋的釀造發酵，就是這些微生物互相協同作用，產生一系列生物化學變化的過程。

以水果為原料進行酒精發酵時，酵母菌吃的是什麼原料，各位有發現嗎？是果糖或蔗糖等酵母菌可發酵性的糖類！

但穀類為原料時，澱粉是其中最主要的成分，然而酵母菌無法直接利用澱粉，必須透過另一微生物—黴菌介入幫忙；將澱粉轉為糖，即所謂的糖化作用。

糖化作用

澱粉是釀米醋材料的主要成分，對產品的質量有著關鍵性影響。當米原料經過蒸煮，其細胞組織中的澱粉發生糊化和溶化，處於溶膠狀態，但還是不能直接被酵母菌利用；因此，必須先想辦法把澱粉轉化為可發酵性的糖類（見下圖），然後才能由酵母菌將糖發酵成為酒精。

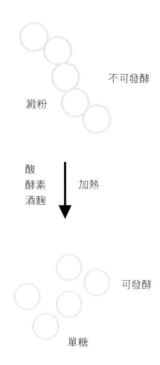

我們可用糖化酵素或酒麴（白殼或粉狀）來進行糖化作用。

想將澱粉轉化為可發酵性的糖，主要是利用酵素進行分解，可以是市面上買得到的糖化酵素液，也可以用傳統的酒麴達到效果。酒麴是釀造過程中糖化和發酵的原動力，其上的黴菌能產生多種酵素，跟糖化有關的主要是澱粉酵素，其他還有蛋白水解酵素和脂肪酵素，植物組織破壞酵素、轉移葡萄糖苷酵素、果膠酵素、纖維素酵素等，透過這些酵素的共同作用，將使大分子物質轉變為小分子物質，為後續酒精發酵奠定基礎，並提供米醋體的風味。其中澱粉酵素是糖化作用的主角，將使澱粉分解生成一部分可發酵性糖，即葡萄糖和麥芽糖，再由酵母生成酒精。

　　米尚有其他的成分，如蛋白質，經蛋白酵素的作用逐步變成各種氨基酸，並使醋中氨基氮的含量增加，提供酵母菌養分。不同的氨基酸與不同量的組合，將使米醋呈現多種味道，表現出食醋各自的特徵，如麩氨酸和天門冬氨酸含量增加，鮮味會增強；甘氨酸、丙氨酸和色氨酸的組成，將提供食醋中的甜味，而釀造過程中，一部分殘留於醋醅內的糖，將可作為食醋中部分色、香、味的基礎。

米醋的釀造

　　有了上述的概念後，其實用米為原料的釀造過程，就是多了一個糖化的動作，所謂「糖化」，就是將酒麴撒在蒸熟的米飯上，讓酒麴上的澱粉酵素，將米中的澱粉先分解成酵母菌可以用的糖。這個動作通常是在水分很少的狀態進行，即俗稱的固態發酵。約莫三天的時間，米粒開始出水，味道開始變甜，已經為酵母菌可以利用的階段，而這個階段的產品，即市面上可見的甜酒釀。

　　當我們拿到甜酒釀，要繼續往後釀成醋，就是接著調整水分，加入酵母菌，進行酒精發酵，待發酵完成時，取出上面澄清的液體，即為米酒；將米酒加入醋種，經過時間的等待，就可形成米醋了。

　　在傳統市場或超級市場都能買到甜酒釀，且各家風味不盡相同，可以選一瓶自己喜愛的甜酒釀，釀出米醋，如想了解製作甜酒釀的相關原理與方式，可進一步參考《大人的釀酒學》一書。

　　接著我們將從甜酒釀開始，帶大家進行米醋的釀造。

INGREDIENTS

甜酒釀	500g
開水	1000mL
釀酒酵母	0.5g
醋種（醋液＋醋膜）	約200 mL
櫻桃瓶	1個
蒸籠蒸布	1片
過濾布	1條
橡皮筋	
75%酒精	

於酒精濃度較高、含糖量較少的環境下，細菌纖維較不緊密，呈現雲朵狀。

1. 依據前文的消毒方式，進行清潔與消毒。

2. 將手上的酒釀與冷開水，依1：2的重量比混合在一起。

3. 加入優勢釀酒酵母菌，拌勻。

4. 為營造厭氧的環境，上蓋後回鬆，因發酵會產氣，請勿旋緊。

5. 發酵過程每天攪拌，前3～5天早晚攪拌，可依米的粉碎程度為指標，若米的顆粒變小，及有部分粉末狀，即可停止攪拌。

6. 直到米粒沈澱在底部，上面液體呈現黃色時，便可進行過濾。

7. 將過濾後的米酒，加入醋種，進入醋酸發酵。

8. 將蒸布蓋於瓶口處，並以橡皮筋綁緊固定，建議將瓶蓋輕輕的放在蒸布上方，防止醋化過程的芬芳，招來識貨的小昆蟲、果蠅等。

9. 覓得陰暗處安置發酵瓶，祈禱醋膜早日相見，見到醋膜後，即表示醋酸菌已活化起來。接著就可藉由鼻子，聞聞看或透過酸度分析的方式，判定發酵的終點。

10. 判定發酵終點後，即可將上清液取出，接著裝入窄口的瓶子瓶蓋鎖緊，適當保存。

甜酒釀作米醋的旅程提醒

・調糖

加入酒釀重量兩倍的開水。

・調酸

因酒釀發酵的過程本身已生成許多有機酸，不需特別調整。

・加入優勢酵母菌

一般而言，甜酒釀中已經帶有豐富的發酵微生物，但因從市場上購買時，有些是保存在低溫，對菌種來說，可能已經失活或死亡，酵母菌的菌量不見得很豐富。為了讓調整好的酒醪，可以快速進入酒精發酵的階段，建議加入一些優勢酵母菌。

釀造醋方式的差異

經歷前述米醋的完整發酵過程，我們知曉所有原物料，只要能夠讓其變成酒精，且能掌握酒精濃度，後面釀醋的步驟，就只要加入醋種，加上時間的等待即可完成。

行文釀旅至此，各位有發現嗎？所有釀醋階段的醋酸發酵過程，都是在酒精溶液裡完成的，溶液屬於液態，所以這種發酵法稱為「液態發酵法」。

有液態是不是就有固態？有氣態？是的！喜歡吃醋的朋友應該對大陸的名醋如山西老陳醋或鎮江香醋有所聞，甚至品嚐過，這些香醋就是利用固態分層發酵的方式來釀造。以固態發酵釀製出的醋，顏色較深，也常被稱為烏醋。各地方釀造食醋的方式都不太一樣，但主要脫離不了酒精發酵，及醋酸發酵的二大生物化學反應，這二大工程都可為液態發酵也可為固態發酵。以酒而言，大家所熟悉的高粱酒，多是利用固態發酵所釀製。

◖◗ 固態發酵醋 ◖◗

　　釀醋的整個生產工藝過程在固態下進行的叫固態發酵（水分含量較少，像乾料）。這種方法釀醋需拌入較多的疏鬆材料，如米糠、麩皮等，使醋醅疏鬆，能容納一定量的空氣。採用此法製醋，其釀造流程如圖所示。

以此種方式釀造的特點：

1. 氣相、固相、液相共存，這樣能夠提高微生物的發酵效率，也可以促進多種生化反應的順利進行，在色澤、香味和口感上幫助很大。

2. 原物料的利用率高，發酵所產生的代謝產物，如氨基酸、有機酸、還原糖、氨基酸態氮等主要理化指標優異，其中含有多種氨基酸能夠緩衝食醋的刺激性，使其更柔和協調，發酵過程中微生物菌體自解，也會產生多種緩衝性風味物質。這就是為什麼有些醋的醋酸含量高，但並沒有強

烈的刺激性，口感柔和，也因此有些人決定採用這種較為繁複，生產週期長的方式來釀造。

◗◖ 液態發酵醋 ◗◖

液態法釀醋的主要特徵是在液體環境下進行醋酸發酵過程。

以此種方式釀造，與固態發酵相比較的特點有：

1. 不需輔助原料和填充料。既可大量節約麩皮、穀糠等，場地需求也較為簡單乾淨。

2. 減少了雜菌污染的機會。

3. 操作起來較為輕鬆，生產效率高。

4. 釀造的時間比固態發酵釀造的方式還短，較有效率。

液態發酵方式進行釀醋的方式，又大致可分為三種：

靜置表面發酵法（surface culture fermentation）

即前述的釀造方式，為傳統上大家最熟悉也最方便操作的方式，設備費低，但生產規模小，發酵時間相對較長。

a. 以玻璃瓶或甕容器釀造

為台灣、日本傳統食醋的發酵方法。

b. 奧爾良法（Orleans）

以密閉木桶為容器的半連續批次發酵（Semi-continuous batch fermentation），為歐美各國所採用。其中大家所熟悉的巴薩米克醋（balsamico vinegar）即採用此方法（如下頁圖）。

大人的釀醋學

這種方式是將稀釋後的葡萄汁導入木桶中,約注入約3/4的高度,留下許多空間讓空氣接觸,然後加入前一批釀好的醋當作醋種,接著就靜置發酵。隨著時間的增加,釀成了第一桶醋,但部分醋液也會揮發,所以會有添桶的動作。所謂添桶的意思就是,由次一批新釀製桶中(次大桶)取出,加入第一桶較時間較久的醋,以此類推,一桶接一桶,最後一桶,就是新鮮的稀釋葡萄汁。每年一批次,時間越久,桶子越多,以巴薩米克醋的規定,必須採用一組4〜8個木桶,有的甚至超過10個以上,可知每組的桶子越多,成醋就需要越久的時間。通常會在冬天進行添桶,因夏天溫度較高,正處於醋酸菌活躍的時候,擔心干擾了醋化的進行,影響到醋的品質。

各位有無發現,這樣的過程就像我們第二章初體驗時所做的速釀法,以醋養醋的方式,唯一的差別就在時間的累積了。

主要採用Frings 在1932～1939年間所設計之發酵塔。塔內充填具有大表面積的刨木屑或玉米穗心，表面覆上一層醋酸菌菌體，以散佈或滴流式噴灑酒液於填充物上，空氣則由底部送入。原料在流經填充物時進行酸化，流經集酸室後，再打到上部，如此反覆操作。原含10.5%酒精，酸度1%之原料，約經8～10天，約可得到酸度10%的成品。 此方法問題點在於醋酸菌會產生細菌纖維素，容易將孔洞堵塞，以致轉換率下降。

通氣攪拌法，亦稱為浸沉（全面）發酵法。其方法為加入原料及種醋後，由底部送入空氣，規模較速釀法小，但效率較高，操作容易，成本相對較低。

固態發酵法實作—香醋

在瞭解釀造法的差異後，接著就要以固態發酵的方式來做香醋（烏醋），過程看似複雜，但只要跟著步驟，一步一步跟上，也能順利走完發酵旅程。

●● 香醋釀製的重點 ●●

原料處理

將糯米加入清水浸泡，直到容易捏碎的狀態，最少兩小時。

浸泡能使米粒充分吸收水分，讓米粒在蒸飯時容易熟透，使後續發酵可以達到更好的效果。浸泡以後，將米撈起放入篩內，以清水沖去白漿，淋到出現清水為止，再適當瀝乾。將已瀝乾的糯米蒸至熟透，取出後用冷開水淋飯冷卻，之後拌入酒麴，置於瓶內進行發酵。

酒精發酵

於溫度約30℃左右進行溫糖化發酵，經過約三天（72小時）後，飯粒即開始出水，此時已有酒精及CO_2氣泡產生，糖分為30%～35%，酒精含量約為4%左右。此時的狀態即為我們所說

的甜酒釀。

接著添加一定比例的水和酵母，控制溫度在25～30℃，持續進行酒精發酵，注意發酵過程需要攪拌，前3～5天早晚攪拌，依據米的粉碎程度決定，米的顆粒變小，及有部分粉末狀，就可停止攪拌。接著持續發酵至米粒下沉，上面液體呈現透黃色，即為此階段的發酵終點，這時完成的米酒，酒精濃度約為13%～14%。

醋酸發酵

拌入輔料製成醋醅，加入麩皮拌成半固態；取發酵優良的醋種，用手或工具充分攪拌均勻，蓋不鎖緊，任其發酵。

過程中，每天攪拌，上下翻攪，使上面發熱的醋醅與下部未發熱的醋醅充分拌和，這樣每天處理，天天翻缸經過10～12天，醋醅全部製成。此時發酵溫度逐步下降，酸度達到高峰，發現酸度不再上升時，立即密封陳釀。

固態釀造的輔料

固態釀造的過程中，釀造醋除需用主要原料外，還需輔料，其中一部分用來提供微生物活動所需的營養物質或增加食醋中的前體物質，以提高食醋的質量。輔料中的成分直接或間接地與產品的色、香、味的形成有密切關係。另外，某些輔料還可改善發酵過程的物理結構狀態，使發酵醋醅疏鬆，通氣良好，並可調節發酵過程中的糖分或酒精濃度以及含水量。一般使用較多的輔料是穀糠、米糠、麥麩或豆粕等。

另外有一部分輔料主要是用作固態發酵或速釀過程的疏鬆劑（載體性質），構成微生物的載體，促進微生物的增殖及代謝，因此也常稱之為填充料。其本身的化學成分以纖維素為主，可供一般微生物利用的成分很少，如醋醅中加入稻殼、高粱殼、小米殼能起疏鬆作用，利於醋酸菌好氧發酵。

本書中使用的麩皮，又稱麥麩，是小麥製粉的副產品，其營養成分有：水分約12%，粗澱粉55%，粗蛋白14%，粗脂肪4%，粗纖維8.0%，灰分5.0%，硫胺素9.37μg/g，核黃素2.80μg/g，鈣2.4%，鐵0.21%，鉀1%，磷0.88%。

密封陳釀

醋醅成熟後，將醋醅壓實，用保鮮膜蓋實，使不透氣，避免醋再過度的氧化，並在保鮮膜上鋪鹽抑制雜菌生長，整個陳釀期為30天。

榨醋

取陳釀結束的醋醅置於盆中，加入飲用水，略淹過醋醅高度即可，浸泡6小時，然後榨醋。以過濾布進行過濾，第一次過濾出的醋汁品質最好。過濾後的醋醅，可再加水萃取，此次榨出的醋汁可作為下一批醋第一次榨醋的水用。第二次榨畢，再加水泡之，第三次榨出的醋汁，作為第二次榨醋的水用，如此循環浸泡，每批榨醋3次。

煎醋／成品

將第一次淋出的醋汁加入食糖進行調配，加熱滅菌，約30分鐘，趁熱裝入貯存容器，密封存放。

　　香醋（烏醋）是料理中常用的發酵食品，以「色、香、酸、醇、濃」的特點，受到許多消費者的喜愛，以下的方式與傳統的釀造步驟跟概念一樣，因想讓大家可以在家做出較為複雜的香醋，所以在操作上略有修改，期待能在家中釀醋，體驗香醋的魅力。

　　釀旅至此，你可能已經躍躍欲試了，在此之前，我們想再次提醒的是：

調糖

加入與酒釀重量等重（一倍）的開水。

與前面液態發酵加兩倍水不一樣的原因是，加入兩倍水後，完全發酵時，酒精濃度理想狀態會落在6%左右，適合直接往後面階段進行醋酸發酵。

而此部分，我們希望酒精濃度落在6%左右時，還有一些殘糖的狀態去進行後面的醋酸發酵。

加入優勢酒麴

理論上甜酒釀中已經帶有豐富的發酵微生物，但因從市場上購買時，有些是保存在低溫，對菌種來說，可能已經失活或死亡，菌量不是很豐富。為了讓調整好的酒醪，可以快速進入酒精發酵階段，建議加入優勢酒麴。

而此處加入酒麴是因為固態發酵的方法也拌入了麩皮，希望酒麴中的多元酵素，可分解麩皮中的成分，期待能產出色、香、酸、醇、濃的香醋。

1. 清潔與消毒環境及用具。

2. 酒釀與冷開水依1：1的重量比，混合。

3. 加入優勢釀酒酒麴，攪拌均勻。

4. 營造厭氧的環境，但勿旋緊。

5. 發酵過程每天攪拌，約3～4天，米粒部分浮在上面的狀態，即可停止酒精發酵。

INGREDIENTS

甜酒釀⋯⋯⋯⋯⋯1000g
開水⋯⋯⋯⋯⋯⋯1000mL
釀酒酒麴⋯⋯⋯⋯5g
乾燥醋酸菌種⋯⋯14g
活性醋⋯⋯⋯⋯⋯200mL
櫻桃瓶⋯⋯⋯⋯⋯1個
蒸籠蒸布⋯⋯⋯⋯1片
橡皮筋⋯⋯⋯⋯⋯1條
過濾布⋯⋯⋯⋯⋯1條
75%酒精

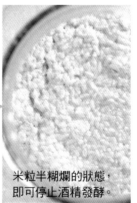

米粒半糊爛的狀態，
即可停止酒精發酵。

透過每天攪拌來取代原本醋酸菌擴大培養的步驟。

醋化完成：酸味明顯、顏色變深。

6. 拌入蒸熟的麩皮（以蒸籠蒸20分鐘）：麩皮與酒醪的比例約為1：2（目標：半乾狀態，可略調整）。

7. 加入乾燥醋酸菌種（如沒有的朋友也可加入如同前面的醋種：以果汁機打碎），蓋不鎖緊，任其發酵。

8. 發酵過程每天攪拌、上下翻攪，使上面發熱的醋醪與下部未發熱的醋醪充分拌和。天天翻缸經過10～12天，發酵溫度逐步下降，酸度達到高峰，發現酸度不再上升時，立即密封陳釀。

9. 醋醅成熟後，將醋
   醅壓實，用保鮮膜
   蓋實、不透氣，避
   免過度的氧化，並
   在保鮮膜上鋪鹽抑
   制雜菌生長，陳釀
   期為30天。

10. 榨醋：取陳釀結束
    的醋醅置於盆中，
    加入冷開水，略醃
    過醋醅高度即可，
    浸泡6小時，然後
    榨醋。

加水略為淹過即可。

大人的釀醋學

11. 滅菌及配製成品：將第一次淋出的醋汁加入
食糖進行調配，加熱煮沸，趁熱裝入貯存容
器，密封存放。

chapter 5

微生物的共生發酵——
紅茶菇（康普茶）

酸性發酵飲：紅茶菇

從麴菌將澱粉轉變成酵母菌可以利用的可發酵糖之糖化過程，接著酵母菌將糖轉變成酒精的酒精發酵，再到醋酸菌將酒精轉變成醋酸的醋酸發酵，這些各自獨立的發酵過程，對於現在的各位來說，已經不是問題！也就是說你已經可以釀出自己獨一無二的醋了！

前面的釀造經驗裡，管理酒精發酵的酵母菌與管理醋酸發酵的醋酸菌，都是各司其職，分別完成各自的工作，才帶給我們香醇的釀造醋。

試想看看，若是這些微生物在同一個環境碰在一起時，又會發生什麼事呢？接著將介紹台灣於民國六十年初即流行過的一種飲料—紅茶菇。

紅茶菇是吃的還是喝的

一種家庭自製酸性發酵飲料，於世界各地有不同的名稱，在台灣、日本稱為紅茶菇（菌）（red tea mushroom /fungus），歐美多稱為康普茶（Kombucha tea），俄國稱為茶菇（tea mushroom），德國稱為英雄菌（heroic mold），法國稱為「長壽真菌」（fungus of long life），可見此種飲料流行於全世界各地。

紅茶菇是發酵成的酸甜茶飲，通常由醋膜釀成。此醋膜與前面釀醋過程中產生的醋膜外觀上極為類似，通常浮在茶的表面（如右圖），有點像海蜇皮。

製作時，先在泡出紅茶中加入蔗糖（10～20%），經冷卻至室溫後，加入前次培養剩下之菌膜及部分發酵液做為（菌）種源，即前述釀醋所加的醋種，靜置培養約一至二個星期，該薄膜會逐漸增厚並浮於液面上，此時即可飲用。其風味略帶酒味、醋酸味並有甜味，像極了我們喜歡的檸檬紅茶，風味主要受釀養時間的長短而有所豐異。

微生物的共生發酵─紅茶菇（康普茶）

原來紅茶菇源起中國

　　紅茶菇的起源眾說紛紜，有一說是：紅茶菇一開始飲用源起於中國，隨著絲路的開通，國際貿易的興起，流傳至俄國高加索地區。然其又是如何在日本、台灣流行的呢？據說日本有一位教俄文的老師，到高加索旅行時，發現當地每家都有一大缸的紅茶飲料，無論老幼，大家都當茶喝。於當地，有人超過百歲了還能下田工作，有超過十分之一的老年人還能夠結婚生育，沒有高血壓患者，沒有癌症患者，讓人聯想長壽村的原因必定與那大缸的紅茶飲料有關係。

　　於是這位老師偷偷帶回日本，依著口述方式將其培養起來，但當發現其中形成一塊如同海蜇皮般的東西，一時也不敢嘗試，直到有人自告奮勇試喝了之後，發現味道就如同檸檬紅茶，而且飲了不膩，飲用後發現多年來的便秘老毛病，竟治癒了。接著，傳飲者眾，有人失眠好了，有的胃病好了，就這樣一傳十，十傳百，越來越多人開始自釀培養。

　　這缸紅茶，有人稱紅茶菌，有人稱紅茶菇，但菌有時會帶給人可怕的感覺，而菇讓人聯想到香菇洋菇等，對於健康的分享上，感覺比較有好感，其實指的都是同一個產品。

紅茶菇的共生發酵

　　有些朋友會問，紅茶菇的菌膜與釀醋時產生的醋膜是一樣的嗎？甚至有朋友嚐到紅茶菇時，會說怎麼有點像醋又有點酒氣，不過甜甜酸酸的蠻好喝，是還沒成熟的醋嗎？事實上，醋或酸酸的飲料，可以由任何發酵的酒精或可發酵糖的溶液來製成，而紅茶菇就是透過醋酸菌與酵母菌，一起在含糖飲料中發酵而得到的產品。

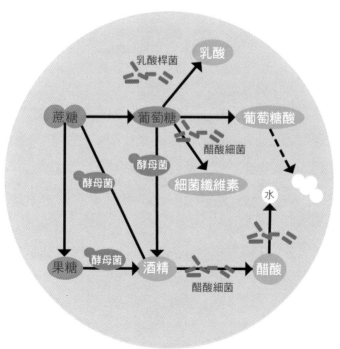

紅茶菇之微生物菌相為醋酸菌與酵母菌的共生體系，醋酸菌主要包含醋酸桿菌屬（Acetobacter）及葡萄糖醋桿菌屬（Gluconoacetobacter），並以最會產生纖維素的木質葡萄糖醋桿菌（Gluconoacetobacter xylinum）為主；酵母菌之種類差異較大，依據不同來源而有差別，常見的有Pichia、Samlharomyces、SchizosamLharomyces等菌屬。

酵母菌會將蔗糖轉化為葡萄糖及果糖並經酒精發酵產生酒精，不過葡萄糖及果糖也利於醋酸菌的使用，醋酸菌將糖代謝為醋酸、葡萄糖酸及纖維素，其中醋酸也會刺激酵母生成酒精，而酵母生成的酒精也會驅使醋酸菌將其氧化為醋酸，這樣互相幫忙的模式，即所謂的微生物共生。此共生現象有利於紅茶菇發酵的進行，期間酒精及醋酸的累積，則有效降低其他微生物的污染。

此共生現象所產生的菌膜，稱為SCOBY（Symbiotic Colony Of Bacteria and Yeast），如同醋膜是一種生物薄膜，根據分析，與醋膜最大的不同在於SCOBY上主要為酵母菌和醋酸菌的共生狀態，部分來源還具有乳酸菌，與醋膜上單存的醋酸菌略有差異。但共通點是：無論醋膜或者SCOBY，在適當的環境下它們都可以續存與再生產，形成更多片的生物膜，所以都可稱之為醋母。

因此，當我們用醋膜去作為紅茶菇的菌種，與用SCOBY當菌種相互比較時，若要形成厚實如同椰果般的膜，更需時間，除了

因為醋酸菌的種類不同外（釀醋用的醋膜，其以產生纖維素較少的菌種為主），還缺少酵母菌的共生作用，我們進一步測試：如果使用醋膜去釀造紅茶菇時，只要在培養液中加入一點酵母菌，釀果就幾乎與用SCOBY一樣。

　　我們如進一步以顯微鏡觀察菌落分佈時，菌膜之上層分佈的微生物以木質葡萄糖醋桿菌（Gluconoacetobacter xylinum）為主，菌體間以其分泌出的細菌纖維素相互連結；於中層，可以看見酵母菌漸漸地增加；最下層則以酵母菌佔最多數，醋酸菌相對較少。

　　這樣的現象也表明：醋酸菌是好氧菌，所以容易在表面層生長繁殖，而酵母菌則在含糖分多的下層液體生長，因行酒精發酵過程，會產生二氧化碳，所以常在膜與液體的交界處，或新舊膜之間形成如氣泡的現象，如為老的醋母，會於下層看到顏色較深的垂絲狀態，即酵母菌聚集的所在地，這是以酒精為原料進行釀醋時，不容易觀察到的現象。

　　研究指出這樣的共生現象，會因不同茶原料，而有不同的代謝活性，當以綠茶液作為培養液時，可有效縮短發酵的時間，但是因為紅茶是發酵茶，具有特殊的香氣，所以紅茶菇多數以紅茶為主要的原料；有朋友嘗試過以東方美人茶為原料，釀作給我們品嚐，口感香氣都相當香醇，大家也可以試釀品味。

　　另值得一提的是，茶液中所含的咖啡因，也具有促進醋酸菌生成纖維素的酵用。

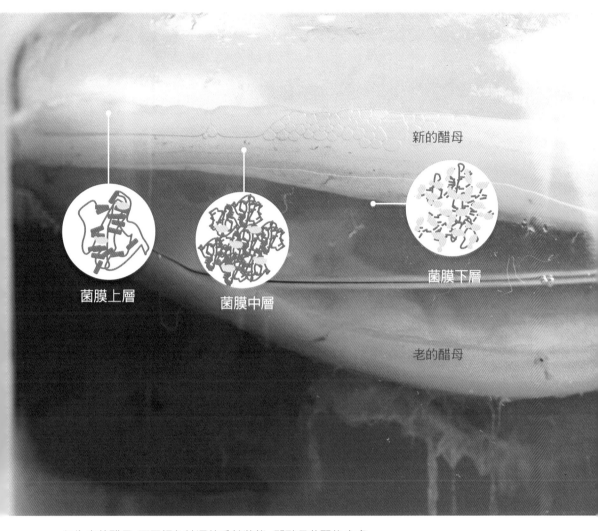

菌膜上層　　菌膜中層　　菌膜下層

新的醋母

老的醋母

如為老的醋母，下層顏色較深的垂絲狀態，即酵母菌聚集之處。

醋母的重要性

　　由上可知，當我們想要釀醋時，如果有醋母當作種源，那麼整件事情會變得非常輕鬆且順利，所以多數人都認為沒有這位母親就無法生產醋。但如果你是一位釀醋老手，便會發現並不一定需要醋母，只要想辦法讓醋酸菌在適當的溶液中存活，並給予適當的溫度及時間等待，就能夠釀醋了。

　　醋酸菌無所不在，當我們將任何不含防腐劑的發酵酒精飲料暴露在空氣中，最終會產生醋，或者沒喝完的含糖飲料暴露在空氣中也會變成醋，但是如果加入一些醋母作為啟動者，醋的生產將更快，更有效，更可靠，順利的話，你可以簡單地使用前一批的一部分，作為下一批的啟動，一批接一批，源源不絕！

紅茶菇的釀製與應用

旅程持續，接續前文所得知的概念，在沒有醋母的狀態下，從含糖培養液開始，先產生醋母，然後用醋母來釀製紅茶菇，接著進入紅茶菇與SCOBY的應用，開始這段紅茶菇的旅行吧。

醋母的培養

想釀造蘋果醋，有兩個釀旅建議行程。

第一種釀旅行程，可先調好糖與酸，加入酵母菌，蓋上蓋子，營造兼性厭氧的環境，使釀成5%的蘋果酒，濾掉果渣，而後得從酵母發酵專車，換搭醋酸發酵載具；加入醋種，打開蓋子，營造好氧環境，行醋酸發酵，釀成蘋果醋，此為標準的「兩階段發酵釀醋法」（下頁圖左）。

5%蘋果醋釀造

上蓋發酵

1 300 g蘋果

2 900 g水(10)Brix

3 調酸
每公升約加
半顆檸檬

4 活化酵母添加

轉桶

酒化

$$C_6H_{12}O_6 \xrightarrow[-O_2]{酵母} 2 C_2H_5OH + 2 CO_2$$

C2H5OH收率＝92/180×100%＝51.1%

5
有效醋種添加
蓋子換成
濾布通氣

醋化

$$C_2H_5OH \xrightarrow[+O_2]{醋酸菌} + CH_3COOH + H_2O$$

CH3COOH收率＝60/46×100%＝1.3%

野生蘋果醋母培養

開蓋發酵

1 300 g蘋果

2 900 g水(10)Brix

3 調酸
每公升約加
半顆檸檬

轉桶

酒化＋醋化
（菌的共生）

除了標準的兩階段發酵釀醋法外，還有「醋母培養法」，其發酵液的配方完全一樣，但少了額外添加醋種，而是直接抓取所處空間落下的菌種（左頁圖右）。需要特別注意的是：發酵過程需開蓋發酵，營造共生的環境，一邊酒化一邊醋化酒，待酒化完成，看不太到氣泡的產生，果肉下沈，即過濾果渣，靜置等待約一個月左右，即可聞到濃濃的醋味，且可觀察到醋膜的逐漸成形。

•⊣ 醋 心 釀 慮 ├••

醋母培養法行前提醒

不殺菁

與先前不同的原因是這裡希望利用水果上的野生酵母菌來進行酒精發酵。

開蓋發酵

營造釀酒過程中，表面被醋酸菌污染的環境，提供蘋果酒能夠呈現較酸的狀態，發酵初期即帶有醋酸成分，有利於醋酸菌的生長。

醋母培養法

INGREDIENTS

蘋果⋯⋯⋯⋯⋯300g

砂糖⋯⋯⋯⋯⋯90g

開水⋯⋯⋯⋯⋯810mL

釀酒酵母⋯⋯⋯0.5g

櫻桃瓶⋯⋯⋯⋯1個

蒸籠蒸布⋯⋯⋯1片

橡皮筋⋯⋯⋯⋯1條

過濾布⋯⋯⋯⋯1條

75%酒精

1. 雙手、桌面、水果刀、砧板與發酵瓶蓋皆須消毒，可使用75%酒精噴灑後拭乾，待酒精揮發退盡，在旁備用。

2. 將蘋果表面灰塵與髒污洗去，若果皮有上蠟，建議削皮。

3. 為能讓果肉完整發酵，建議以切小塊、均勻、不糊爛為原則；另外，建議要去除蘋果果核，因其可能發霉，有時肉眼無法判斷是否有發霉的狀態，加上果核部位的榨汁率低，建議去果核，避免雜菌污染，提升釀酵成功率。

4. 果肉切好，秤量所需重量，放入發酵瓶。

5. 補糖：加入果重三倍量的10度糖水。

6. 擠半顆檸檬至發酵瓶，使PH降至3～4左右，每公升加半顆檸檬（約30mL）即可，若檸檬籽破損，建議挑除，以免產生苦味。

7. 待上述程序完成後，將糖、汁液、果實等攪拌均勻。

8. 開蓋發酵：以橡皮筋將蒸布固定綁緊在瓶口處，避免異物掉入，接著將瓶蓋輕輕的放在上面（不蓋住），目的在防止醋化過程中，因醋酸吸引來的小昆蟲果蠅等。

9. 發酵過程，可看見明顯產氣、產生酒帽，所以需每天早晚攪拌一次，將酒帽壓入液面下。

10. 待酒帽潰散、無明顯氣泡，即表示酒精發酵完成，接著轉桶過濾，濾出蘋果酒液（較酸的蘋果酒）。

11. 持續用橡皮筋固定蒸布於瓶口處，以避免異物掉入，將瓶蓋輕輕的掩在上面（不旋緊）。

12. 將發酵瓶放至陰暗處，等待過程中若看到醋膜的形成，表示醋酸菌活化啟程，正進行醋化，可經由嗅聞或透過酸度分析的方式，來判斷發酵終點。

13. 當覺得酸度ＯＫ時，活性醋就完成了，除了可以品嚐外，即是很好的醋種（醋母加液體）。

紅茶菇的釀造

　　我們已知紅茶菇通常只是加糖的茶，由特定的細菌和酵母菌群發酵而成。

　　紅茶菇釀旅啟程前，將茶液調整到適當糖度，通常糖度控制在10度，再加入20%左右的醋種，即可進入發酵階段，需注意的是維護清潔、避免污染。

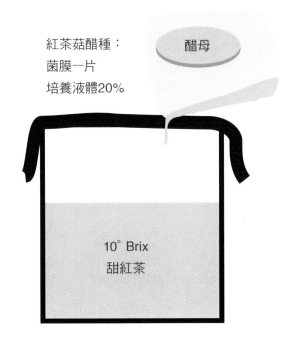

紅茶菇醋種：
菌膜一片
培養液體20%

醋母

10° Brix
甜紅茶

紅茶菇醸旅行前提醒

· 茶葉的選擇

我們雖稱為「紅茶菇」，但是除了紅茶外，如能獲知紅茶菇的醸造原理，綠茶、普洱茶或其他品款的茶也是不錯的選擇，但盡量避免有添加香味的茶，因為添加的精油可能會抑制發酵，當然也可擬定具有實驗精神的醸旅，嘗試看看。

· 泡茶的時間

只需根據自己的喜好，決定沖泡茶的濃淡即可。

· 糖的選擇

無論紅砂糖、白砂糖、冰糖甚至蜂蜜都可以，但非精製的紅砂糖含有一種叫生長素的物質（Biotin），能夠促進微生物生長，發酵的速度會較快，我們曾經試過，同一批茶分兩瓶發酵，加入精緻白砂糖的那瓶，比紅砂糖慢了約一星期才看見新生的醋膜；故製作時以紅砂糖為主。

· 適發酵的溫度

建議發酵溫度為30℃左右，溫度決定發酵的速度，但避免超過35℃。

· 適醸醋的風土

選擇空氣流通，避免陽光直射的角落，以利菌種活化，降低污染的機會。

· 持續開啟下段醸旅

飲用時，可以保留最後約200mL的液體及醋膜，直接加入新的甜紅茶，即可有源源不絕的紅茶菇。

紅茶菌菌膜·············1片
培養液體·············250mL
有機紅茶·············6g
熱水·············1000mL
砂糖·············100g
4公升玻璃瓶·············1個
蒸籠蒸布·············1片
橡皮筋

⑤

1. 清潔與消毒環境及用具

   雙手、桌面、與發酵瓶蓋皆須消毒,可用75%酒精噴灑後拭乾,待酒精揮發完,備用。

2. 製作紅茶液

   將1000mL水煮開,取一沖茶容器,放入有機紅茶6g,沖入熱水,浸泡5分鐘。

3. 分離茶葉與茶液

   取出泡好的茶,並將茶葉過濾乾淨,避免發酵過程中,浮在液面的茶葉會將菌膜頂離開液面,增加污染的機會。

4. 調整糖度

   趁熱加入100g的糖,攪拌使糖完全溶解,待涼。

5. 添入醋種

   倒入含有菌種入發酵瓶內,以橡皮筋將蒸布固定綁緊在瓶口處,避免異物掉入,接著將瓶蓋輕輕的放在上面(不蓋住),防止小昆蟲與果蠅等擾訪。

6. 釀旅起迄點

   靜置約10~15天的發酵,具有酸甜口感,類似檸檬紅茶風味的紅茶菇即完成發酵,可依個人口感稀釋飲用,發酵時間越久,越是酸口,可依個人口味,決定發酵時間。

在理想發酵情況下,醋膜會浮在水面上,有時它會先下沉,然後慢慢浮起來。當醋膜浮到表面時,很快的會產生新的薄膜,此醋膜會依著瓶罐生長,所以其表面大小、形狀,會與容器形狀完全相同。如果你發現醋膜無法浮動或生成新的醋膜,建議換片新的醋膜,提高發酵的成功率。

紅茶菇的應用

　　若能掌握前述關鍵與原理，將會有源源不絕的紅茶菇可以喝，且我們已經知道，紅茶菇是一種穩定混合細菌與酵母菌微生物的集合，大量存有發酵麵團所需的酵母菌種，可用於發酵酸種麵團。

　　發酵過程中將大量累積一層一層的SCOBY，因為SCOBY是由纖維素與水組成，在營養上，纖維素不會被人體所消化吸收，被稱為膳食纖維，食其具有飽足感，加上低熱量的特性，可作為減重時很好的選擇，也有增加腸胃道蠕動的效果，可以防止便秘。

　　食品加工的應用上，因SCOBY具有多樣化的效果，如保水性、填充性、增彈力、保形性、分散性、增黏性、結著性、防老化，常應用於各類的食品加工如甜點、飲料、烘焙食品、調味醬、魚肉製品等。

　　接下來，我們將利用上述的特性，繼續紅茶菇的釀旅，將其應用於披薩的製作上。

◖◗ 紅茶菇的發麵釀旅 ◖◗

　　將紅茶菇拌入麵粉，在室溫中發酵。

　　紅茶菇的發麵釀旅，得確定紅茶菇具有活躍的微生物，判斷方法很簡單：

　　1.生生不息：放在室溫一星期左右，若有新的醋膜形成，即表示活躍。

　　2.以麵試菌：取麵粉與紅茶菇一比一份量，攪拌成糊狀，放於溫暖處，短則幾小時，長則1天的時間，若有發泡的狀態，並且略為膨脹，恭喜你的紅茶菇酵力滿滿。

INGREDIENTS
麵包麵粉⋯⋯⋯⋯⋯270g
紅茶菇⋯⋯⋯⋯⋯⋯160g

1. 發麵啟程

將麵粉與紅茶菇拌勻，再運用
我們珍貴的雙手，揉聚成團，
使麵團保有表面光滑。

2. 保濕呵護

將麵團放回攪拌缽中，以保鮮
膜覆蓋保濕。

3. 每天揉兩回

將麵團放在家中溫暖的地方，
發酵約2～3天，每天揉兩次，
使麵團保持均勻混合的狀態。

4. 擀麵製皮

待麵團發酵完成，即可開始擀
麵，製成披薩用麵皮。

⬤⬤ 披薩的製作 ⬤⬤

　　擀麵製皮後，於麵團中加入切碎的SCOBY，運用SCOBY具增彈力及防老化的特性，使在高溫下烘烤出來的披薩餅皮，具有相當的彈性，不再是乾乾硬硬的餅皮。

INGREDIENTS

起司條⋯⋯⋯⋯適量
辣椒粉⋯⋯⋯⋯適量
SCOBY⋯⋯⋯⋯適量

作法

1. 將烤箱預熱至250℃。

2. 趁著等待預熱的時間，將發酵完成的麵團，擀成圓形餅皮狀，並在上面撒上起司與辣椒粉，或喜歡的調味料，像是迷迭香、羅勒或者鋪上豆乳醬等，別有風味。

3. 鋪料完成後，放入烤箱，烘烤約8～10分鐘。

chapter 6
釀造醋的保存食應用

酸度與食物保存的關係

我們知道，食物中的酸鹼度（PH值）與各種微生物的生長有著密切的關係，通常比較酸的食物都可以放得比較久，不容易腐敗，也就是說，低PH值的食物，較具有貯藏性，這也是在古早時代，尚未有冰藏設備時，常用的保存食物方式之一。

從圖中可看出，每一種微生物都有其最適生存的PH值，當微生物離開其最舒適的PH值範圍時，微生物的生長就會受到抑制，甚至有死滅的可能。其中細菌類的微生物，在PH5以下多無法生長，醋酸菌與乳酸菌雖屬細菌，但和黴菌一樣，具有很強的耐酸性。

食物中，依據PH值的高低可分為四大類：

1.低酸性食品（low acid food）：PH5.0以上。

2.中酸性食品（medium acid food）：PH5.0～PH4.5以上。

3.酸性食品（acid food）：PH4.5～PH3.7以上。

4.高酸性食品（high acid food）：PH3.7以下。

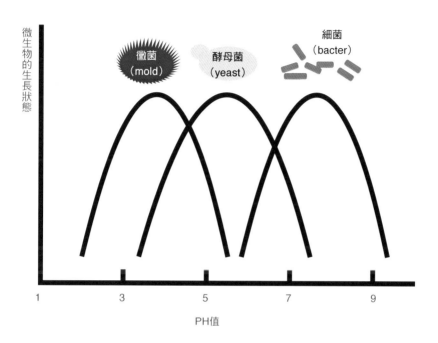

在高酸性食材（如泡菜、鳳梨、葡萄柚、醃漬蔬菜、檸檬…）的環境下，乳酸菌、醋酸菌及黴菌雖有機會能夠生長，但是食品的腐敗菌幾乎皆不能生長。而酸性食物（如沙拉、番茄、桃子、柳橙…）中，毒菌幾乎都不生長，毒素當然不會產生。當PH值再往上提高時，如魚、肉類或常見的蔬菜（胡蘿蔔、馬鈴薯、豌豆、甜菜、蘆筍…），肉毒桿菌、金黃色葡萄球菌、沙門桿菌，就會開始蠢蠢欲動。可知降低食物酸度，甚至搭配其他的微生物柵欄（如糖、鹽、酒精）時，即可達到良好的保存效果。

一般來說，酸漬食物是相當安全的，因在酸性的環境中，有機會生長的微生物，都可以透過簡單的沸水加熱來破壞。

　　由此可知，酸類物質能抑制微生物的生長，所以單純就保存食物的目標來說，自古以來，就常把醋用於醃漬蔬菜或水果等食

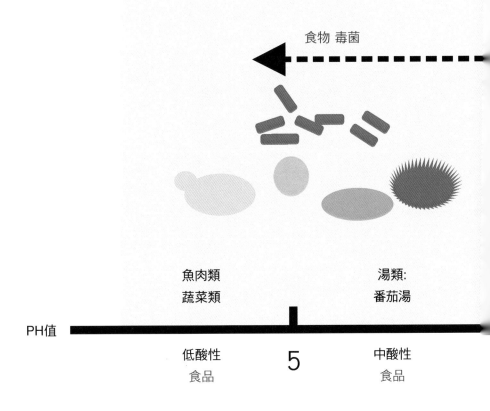

高溫殺菌115~120℃解決

食物 毒菌

PH值

魚肉類
蔬菜類

湯類：
番茄湯

低酸性
食品

5

中酸性
食品

物，製成酸漬保存食。浸泡的過程中，有時為了風味與口感，會另添些許鹽、糖或辛香料，這些另添，對微生物來說，是另一個層面柵欄的形成，微生物生長更為困難，對於保存效果的提高有所貢獻。

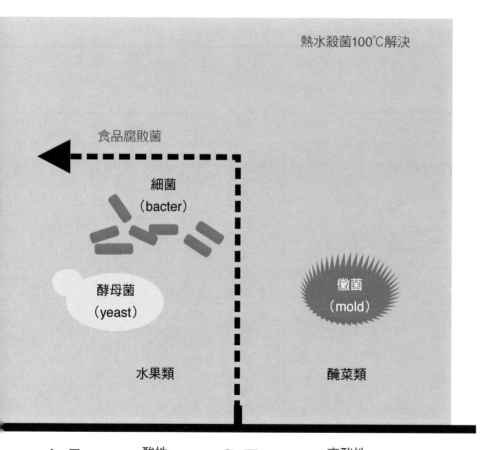

相關研究顯示，有機酸比無機酸更具有抑菌的效果，因為除了氫離子外，陰離子以及酸的不解離型分子，也扮演著重要的角色。因此，在食物的貯存上通常會添加醋酸、乳酸等有機酸，碳酸飲料則常使用酒石酸、檸檬酸、乳酸等。

　　一般蔬果中都含有各類的植物化學物質（phytochemicals），像是類胡蘿蔔素、類黃酮、花青素以及其他酚類化合物，而這些物質都是天然的抗氧化劑，具有清除自由基的作用，據研究顯示，有減少慢行疾病發生機率的趨勢，如心血管疾病和延緩老化等作用。而這些成分於釀造或浸泡過程中會溶於醋中，提升醋另一層面的價值。

　　其中被歸納為辛香料蔬菜如辣椒、薑、洋蔥、蒜等還具有特殊的效果，除了抗氧化外，也具有抑菌的作用，對於食物的保存目的上，可大大提升酵益。洋蔥含有醛基賴胺酸（Allysine）的成分，酵母菌幾乎無法在生洋蔥汁中行酒精發酵，必須透過加熱的方式，致使Allysine的成分揮發殆盡，才可啟動發酵。許多醃漬物或發酵食物都會加入各地方特色的香料，除了香味的豐富之外，也提升發酵與醃漬的成功率。

保存食物的應用—酸漬食物
(PICKLING FOOD)

接著，我們運用上述的觀念，駛入日常生活中常用到的食材上，以快速的酸漬方式（以醋浸泡的方式，非發酵方式），將食材的美好保留下來，用醋漬提升原食的層次。

◕◕ 醋的準備 ◕◕

首先，準備具有高酸度的醋，酸度最好5度以上，只要酸度夠高，無論是果醋、米醋，或各式的調和醋都可以，因為除了風味上有所差異外，對於食物保存的角度來説都一樣。

◕◕ 添加比例 ◕◕

至於食材與醋的比例，將醋蓋過食材為原則，食材的重量與醋的體積約落在1：2，可能會因為食材的形狀、大小與密度不同，而略有差異。需要特別注意的是：最終期待酸度能夠

達到2度以上，如此一來，浸泡三個月後，PH值仍可維持在3.5以下，為高酸性食品的階段，對於保存上就更安心了，若想延長保存時間，就得透過添加鹽、糖或酒精等成分，藉由滲透壓的改變，來增加微生物的柵欄效應，進而達到目的。

食材:醋=1:2(W/V)

2度的醋酸

● 清潔消毒 ●

　如想保存食材，盡可能減少非預期的微生物，就顯得重要。最重要的是，就像裝瓶醋一樣，你想要一個無菌罐來儲存你的醃製食品。瓶罐上的污垢和細菌，會蠶食辛苦醃製的成品，通常玩發酵的朋友都會常說一句話，釀造成功的關鍵：清潔與消毒是王道。

　對於食材的處理，僅需簡單地用自來水清洗表面的泥土灰塵後，再以乾淨的飲用水過水，接著將食材放在可以濾掉水分的盛盤上瀝乾，不滴水即可。

　操作環境、手與瓶罐可用75度酒精消毒。

食材整理

　　將瀝乾的食材，切小塊、片、絲，以利於食材中的成分與醋相互作用，若想要製作美善的醃漬瓶，可以簡單地去除掉多餘不食之處。

　　如要處理大量的辣椒，建議要戴潔淨的手套，不是怕污染，主要是擔心你的手和身體的其他部分若沾到大量辣椒中的辣味成分—辣椒素（capsaicine），會致使不舒服感侵襲而來。

倒入釀造醋

　　依據上述的比例原則，選擇一瓶自己喜歡的醋，將食材填入瓶子，醋液的高度盡量靠近瓶口處，減少上部的空氣，營造厭氧的環境，避免黴菌滋生。

　　選擇不會發生化學反應材質的容器，包括不鏽鋼、玻璃和食品安全塑料。避免使用鋁碗，因為它們會與酸反應嚴重，這會破壞食物的味道。

　　我們建議玻璃的密封罐，除了容易觀察是否發霉，且能看到醃漬過程中酵念姿態與模樣。

接著，加上密封條，用環扣扣緊，營造厭氧環境，找個陰涼的地方放置，進入醃漬階段。

依我們的經驗，浸漬約莫兩個禮拜，就有不錯的風味及口感，可試著覓得自己喜好風味的時間點，若是因特殊目的而浸泡醋，如抗氧化、延緩老化等健康機能訴求，建議浸泡3週左右飲用，時間過久，功效將有下降的趨勢。

特別需要注意：雖然玻璃罐可以清洗和重複使用，但中間有密封功能的橡膠只能使用一次，如果想再次使用，可能無法完全密封，讓空氣中的細菌有機可趁地掠食珍饈。

•⊣ **醋 心 釀 慮** ⊢••

酸漬和發酵之間的差異是什麼？

一般來說，使食物變酸的方式除了快速的浸泡法之外，仍有一種透過微生物的參與而產酸的方式，稱為「乳酸發酵」。酸漬和乳酸發酵是不同的，酸漬是使用醋或其他酸性介質，而乳酸發酵，得需菌種或鹽的幫襯來啟動發酵，兩者味道，淺嚐起來似乎相近，但再深究香氣與風味，卻全然不同。

醋漬保存食的餐食提案

在家烹煮備餐，對於不少人而言相當遙遠，一來是旅居在外，不一定都有廚房，其二是不太可能做出像餐廳一樣，可吃得高度可口性或多樣性的食物，但家庭料理反而有不少好處，像是Kima Cargill認為家庭料理可以減少卡路里的攝取量。

　　自行烹調除了能減少卡路里攝取外，還有準備食材的樂趣，菜市場總是風貌萬千，鬧裡取得清閒，不妨就近挑個市場，我們將以常見易取的食材，依醋遊藝地分享美味的私房菜。

（圖左至右）醋漬紅蘿蔔、薑、洋蔥、檸檬、大蒜、小黃瓜、辣椒與洛神花。

土豆絲佐醋薑

馬鈴薯又叫土豆、洋芋，烹煮運用多元，蒸、煮、炒、炸、沙拉等各有變化，多取其鬆軟綿密的口感，只消換個作法，也能嚐到清脆爽口的滋味。這道土豆絲佐醋薑酸爽脆口，適合開胃解膩。

食材

馬鈴薯⋯⋯⋯⋯1顆（約200g）

依醋

醋漬嫩薑⋯⋯⋯20g（切細絲）
糖⋯⋯⋯⋯⋯⋯10g
鹽⋯⋯⋯⋯⋯⋯少許
辣椒絲⋯⋯⋯⋯少許

作法

1.馬鈴薯洗淨去皮切細絲，泡冷水漂洗3至5次，水
　清澈即可先浸泡著。
2.瀝乾水分，入滾水中快速汆燙，保持大火再滾
　起，即可將土豆絲撈出，放入冰水中冰鎮。
3.將醋漬嫩薑絲拌入糖與鹽，等待溶化後，將冰鎮
　的土豆絲瀝乾水分，拌勻。
4.盛盤，擺上少許紅艷的辣椒絲。

依醋遊藝

● 土豆絲泡冷水漂洗可看
見水是混濁的，就像洗米水
一樣白白的。換水3至5次將
土豆絲的澱粉質漂洗乾淨，
直到水質清澈即可不用再換
水。

● 汆燙土豆絲的水要多一
些，避免下鍋降溫太多，遭
致汆燙過久，失脆感。

醋漬蒜松花

皮蛋,是尋常小吃,有人敬而遠之,喜愛它的朋友卻抗拒不了其美味。 皮蛋直接剝殼就可食用,但加熱煮過後的皮蛋除了可降低腥臭味,吃起來更加Q彈可口。中醫認為皮蛋性寒,最好加些食醋,所以我們就松花皮蛋佐醋漬蒜仁,做成這道開胃的「醋漬蒜松花」。

食 材
皮蛋·····················3顆
香菜·····················少許

依 醋
醋漬蒜仁·········2～3瓣
醋漬辣椒·········依喜好增減

醬 料
醬油膏：醬油···1：1
香油·····················少許

作 法
1. 皮蛋輕敲出裂痕,放入鍋中加冷水淹過皮蛋即可,加熱煮滾再續煮約3～5分鐘,出現白色的浮末泡泡即可熄火,撈出冷開水浸泡放涼。
2. 醋漬蒜仁、辣椒切碎,與醬料拌勻。
3. 皮蛋剝殼對切擺盤,淋上調好的醬汁。
4. 依自己喜好,撒上香菜末提香點綴,上桌。

檸香糖醋魚

若有一道魚，能為餐桌多些鮮甜，我們用簡單的醋漬檸檬，稍稍揉和魚的鮮味。

生鮮魚片事先浸泡鹽水，可去腥並讓肉質帶些許鹽味。煎好的魚要趁熱淋上醬汁才能均勻吸收醬汁的酸甜。

食材

魚片⋯⋯⋯⋯⋯1片
青花椰菜⋯⋯⋯1～2朵
醋漬檸檬片⋯⋯3片

依醋

醋漬檸檬片⋯⋯30g（約5片）
醋漬紅辣椒⋯⋯適量
檸檬醋液⋯⋯⋯10g（約2大匙）
糖⋯⋯⋯⋯⋯⋯15g（約3大匙）
鹽⋯⋯⋯⋯⋯⋯少許

作法

1. 將醋漬檸檬片及紅辣椒切碎。
2. 檸檬碎拌入糖和鹽，糖溶化後加入檸檬醋液與辣椒。
3. 魚片洗淨浸泡鹽水（冷水淹過魚片、在水中加1匙鹽），30分鐘後瀝乾水分，熱鍋煎熟魚片。
4. 魚片趁熱淋上事先調好的醬汁，擺上檸檬片和青花椰菜，青艷上菜。

醋漬番茄天使冷麵

食材

天使細麵⋯⋯⋯⋯⋯⋯60g

燙熟青花椰菜⋯⋯⋯⋯適量

新鮮小番茄⋯⋯⋯⋯⋯適量

九層塔⋯⋯⋯⋯⋯⋯⋯少許

依醋

醋漬小番茄⋯⋯⋯⋯⋯3顆

醋漬小黃瓜⋯⋯⋯⋯⋯20g

醋漬洋蔥⋯⋯⋯⋯⋯⋯20g

糖⋯⋯⋯⋯⋯⋯⋯⋯⋯20g

鹽⋯⋯⋯⋯⋯⋯⋯⋯⋯少許

橄欖油⋯⋯⋯⋯⋯⋯⋯1大匙

作法

1. 水煮滾加少許鹽巴，放入麵條煮8～12分鐘，偶爾翻動。
2. 撈出浸泡冷開水降溫，充分瀝乾水分放入盤中。
3. 將醋漬小番茄、小黃瓜與洋蔥切碎，與糖、鹽拌勻，待溶化後，再加入橄欖油，鋪在麵條上。
4. 將青花椰與新鮮小番茄、九層塔隨心情擺放，即可上桌享用。

依醋遊藝

● 番茄底部用刀劃上十字形切痕，浸入滾水約10～20秒，將番茄撈起，放於冰水中，較易剝皮。

● 番茄炒蛋，可以用新鮮番茄，再搭配醋漬番茄，提升番茄酸爽滋味。

喜愛麵食的朋友，有的情有獨鍾單一口味，有的喜歡
嘗試各種不同的變化。夏日熱炎或秋季火老，總讓人
望廚房而卻步，身為醋廚只好依醋遊藝，順手醋漬的
瓶罐小試身手，只需燒一鍋水，煮麵燙青，來盤酸爽
去暑的天使冷麵吧。

蒸煮粳米至質地黏軟，用米醋、糖調味成醋飯。

手沾水，將醋飯捏成小米糰，可配上生鮮或煮熟的海鮮、蔬菜、醃菜、肉類等食材，搭些山葵。我們取秋葵的特性，萃入醋漬小黃瓜與醋漬紅蘿蔔，滋味與顏色都讓人食指大動。

散壽司

白飯············180g

糖············5g

米醋············10g

海苔············數片

依 醋 1

醋漬小黃瓜······15g

新鮮秋葵·······2根

鹽巴·············少許

芥末············6g

依 醋 2

醋漬紅蘿蔔······10g

新鮮秋葵·······3根

鹽巴·············少許

芥末············3g

作 法

1.秋葵洗淨,入滾水中汆燙2分鐘撈出放涼。

2.將糖、米醋先拌勻加入冷飯中輕拌成醋飯。

3.紅蘿蔔和秋葵切細末後加入調味料拌勻。

4.小黃瓜和秋葵切細末後加入調味料拌勻。

5.將醋飯捏成適當大小的長條狀放在海苔上,擠上
   少許芥末。

6.將拌好[依醋1]與[依醋2]鋪在飯上,即刻立吞。

四餃俱全

餃子吃原味，或者沾醬各有喜好，我們取醋漬蒜、辣椒、薑，搭配醬油與醋液，可以嚐到四種不同層次的美味，添酸增味。

依醋

醋漬蒜頭⋯⋯⋯⋯⋯2粒
醬油⋯⋯⋯⋯⋯⋯⋯1大匙

醋漬薑⋯⋯⋯⋯⋯⋯2片
醋液⋯⋯⋯⋯⋯⋯⋯1大匙

醋漬辣椒⋯⋯⋯⋯⋯半根
醬油⋯⋯⋯⋯⋯⋯⋯1大匙

作法

1.蒜頭切末與醬油拌勻。
2.辣椒切末與醬油拌勻。
3.薑切絲與醋液拌勻。
4.水餃入鍋至熟後，撈起。
5.享用不同醬汁，品不同的滋味。

醋漬洛神氣泡飲

洛神花是植物界的紅寶石，烹煮成茶，帶著微酸口感。
紅寶石浸泡於醋液中，醋漬洛神花顏色粉紫繽紛，依所好取出花瓣或洛
神花醋液，調配濃稀，亦可加入糖或者蜂蜜。

作法
1.取出醋漬洛神花及其醋液，依照自己喜好調配濃淡或冰塊。
2.依個別喜好，添入蜂蜜或糖。

醋漬檸檬鮭魚小鬆餅

三五好友拜訪前，可先準備牛奶、酵母、麵粉，待發酵30分鐘，發酵完成後，做成小鬆餅，放涼。

朋友到訪後，依照喜好，鋪上燻鮭魚、起司片，或者其他喜歡的食材，客製成醋漬小食，能解饞，又討喜，且不會過於飽食。

食材

室溫牛奶⋯⋯⋯⋯⋯⋯100mL
乾酵母⋯⋯⋯⋯⋯⋯⋯1g
中筋麵粉⋯⋯⋯⋯⋯⋯75g
全蛋⋯⋯⋯⋯⋯⋯⋯⋯1顆
鹽巴⋯⋯⋯⋯⋯⋯⋯⋯1g
黑糖⋯⋯⋯⋯⋯⋯⋯⋯少許
起司片⋯⋯⋯⋯⋯⋯⋯適量
燻鮭魚⋯⋯⋯⋯⋯⋯⋯適量

依醋

醋漬檸檬片⋯⋯⋯⋯⋯150g（約25片）
二號砂糖⋯⋯⋯⋯⋯⋯25g

作法

1.將牛奶、乾酵母、過篩麵粉及蛋黃拌勻
　成麵糊，室溫發酵30分鐘。
2.蛋白加入鹽巴後，打至濕性發泡，分次拌
　蛋黃入麵糊。
3.熱鍋入奶油煎成小圓餅備用。
4.醋漬檸檬片切細末，拌入糖。
5.將起司片與燻鮭魚裁切至適當大小。
6.每一片小圓餅上依序放上起司片、燻鮭
　魚片、醋漬檸檬碎，即可盛盤，上桌前撒
　點黑糖。

依醋遊藝

● 適合微火候慢慢煎
熟，可取咖啡匙舀麵
糊，就可以讓每片小
圓餅的大小相近。

● 小圓餅適合放涼
吃，所以一次製作可
分次享用，是方便的
小點心。

醋漬拌薄片

我們選擇肉質軟嫩且風味濃郁的五花肉，簡單汆燙，透過醬汁的變化，快速完成一餐，涮好肉片接著燙個青菜，來碗飯，開吃，讓人滿足。

食材

五花肉片…………適量

依醋

醋漬洋蔥…………30g
醋漬紅蘿蔔………20g
醋漬小黃瓜………20g
二號砂糖…………6g／2g
鹽巴………………少許

作法

1. 醋漬洋蔥切碎，與6g糖、少許鹽拌勻，成為常備醬。
2. 醋漬小黃瓜和紅蘿蔔分別拌入少許糖，約1g。
3. 煮滾水轉中小火加入少許鹽巴，分次將肉片涮熟，變色即可撈出瀝乾。分次涮肉片是避免一次下鍋水溫降低，再煮滾時間拉長易把肉質涮老，肉片燙熟冷卻備用。
4. 盤中依序擺上涮好的肉片，淋上醋漬洋蔥醬，上面擺上醋漬小黃瓜和紅蘿蔔點綴即可上桌。

後記

安身‧豐涎

旅經醋的歷史文化、科學原理、實作、培養菌種，進而豐收、裝瓶、醋漬、料理與品飲，另引自培得的活性醋酸菌，持續釀下一批醋，等待下一次豐收，除了自己培養活性的醋酸菌外，亦可分享給友人，激起釀酵漣漪，一同耕作如此「經濟作物」。

耕作經濟作物前，請先掌握第三章「醋的釀造原則」：選用寬口瓶、覓得通風且不光照處；投入適當醋液、活化發酵液；最重要的關鍵是「清潔消毒」。

怎麼會說是「經濟作物」呢？因為只消有活性菌種，就可以耕耘豐收，如果培得活性醋酸菌，又可再取一部分，繼續釀醋——通常是取用釀醋瓶底部的懸浮物，那看似賣像不佳、易遭廢棄的部分，釀造醋實在是相當經濟實惠的釀作品。

釀醋可謂是「循環釀酵」（circular Fermentation），可達到永續發展與零浪費的效能，紅茶菇還可營造不單於醋酸的共生菌相。

若能掌握發酵醋的核心——活性醋種，或者擴大培養商業醋種，我們就可以運用第二章、第四章與第五章的原理與實作，而且可取較為底層的醋液繼續釀新醋，可謂是好醋源源不絕（如下頁圖），醋膜或SCOPY除了可以作為酵種外，還能作食。

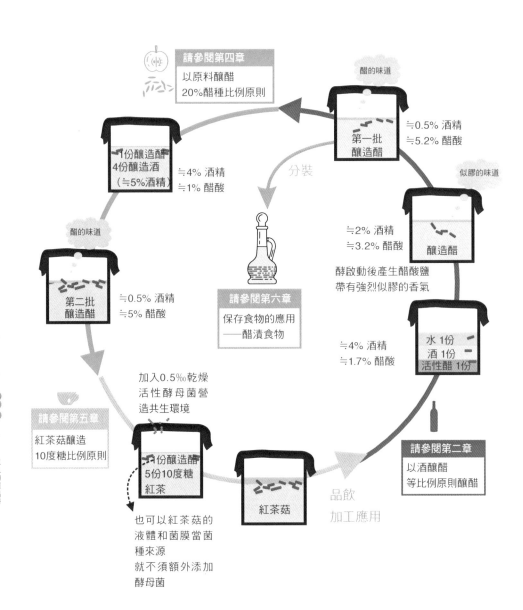

收割醋液後，除了品飲、調味外，因其特性，可以抑菌、保存食材，從農人栽種裡接手，我們可以用醋再給予作物新的生命盼頭，餐桌上多了開胃解膩的滋味，我們在第六章小試身手，與釀友們分享廚房與餐桌的小秘訣，期待各位也能擁醋而足。

　　如果釀醋是趟旅程，你可能會以為走到發酵的盡頭，卻又有新醋機，以為要墜下，才發現原來是走了一圈，回到原點，與上個時空節點的自己相聚，整合出不同於以往的自己，如同美國生態倡議者Gloria Steinem認為人是自然的一部分，其文化的典範多仿效「生－長－死－再生」的循環，具有圓的特性，似乎連結到第一章曾提及的「衛農」—友善生態的精神，就巧用我們的雙手—恩賜而得的—創造「循環釀酵」的生態，動手釀醋。

　　試著用我們的味覺天賦，找出純粹的滋味，調和出自己的平衡或手舞足蹈，探尋安身之醋。據說美味的食譜，是一個接著一個嘗試、傳授出去的，再依照各自喜好調整、風味漸豐，我們期許釀造與發酵也可以如此，每個人都能找回釀酵的本能，以發酵原理裁出自己脾性，釀譜滿翼。

　　四合院持續走在發酵的途中，我們即將啟程往其他的釀途，期待有朝與各位以釀品「香」聚。

延伸閱讀／參考資料

江明德，1976，紅茶菇健康法，廣鴻文出版社。

李春銅，1976，紅茶菇的科學原理與解析，萬里程書店。

岳書豪，2014，以反應曲面法探討醋酸菌之發酵條件並評估所調製鳳梨醋之機能性，大葉大學生物產業科技學系碩士班碩士論文。

紀亘倫，2008，蘋果調理醋加工過程中生成那塔對醋液化學組成之影響 國立臺灣大學生物資源暨農學院園藝學研究所碩士論文。

松浦彌太郎，2010，張富玲譯，今天也要用心過生活，麥田出版社。

徐永年 陳嘉鴻，2018，大人的釀酒學：發酵、蒸餾與浸泡酒的科普藝術，麥浩斯出版社。

張瑞珠，2007，影響鳳梨醋品質因子之探討，國立中興大學食品暨應用生物科技學系博士學位論文。

陳文雄，2008，傳統發酵食品－釀造醋，行政院農業委員會臺東區農業改良場。

楊綠茵，2004，果然有好醋，腳丫文化出版社。

劉明華 全永亮，2015，發酵與釀造技術，武漢理工大學出版社。

鄭惠珠，2012，茄科蔬菜醋浸液抗氧化力之分析，國立臺灣海洋大學食品科學系碩士論文。

賴滋漢 金安兒，2014，食品加工學基礎篇，富林出版社。

Kazunobu et.al, 2016, Acetic Acid Bacteria Ecology and Physiology, Springer Japan.

Kima Cargill，2018，吳宜蓁、林麗雪譯，過度飲食心理學：當人生只剩下吃是唯一慰藉，光現出版。

Michael Pollan，2015，韓良憶譯。烹：人類如何透過烹飪轉化自然，自然又如何藉由烹飪轉化人類，大家出版社。

Silvia Alejandra et.al, 2018, Understanding Kombucha Tea Fermentation:A Review , Journal of Food Science ,Vol. 83, Nr. 3.

Sha Li et.al, 2015, Microbial diversity and their roles in the vinegar fermentation pro-cess, Appl Microbiol Biotechnol 99:4997–5024.

商業醋種與分析工具

錦池酒業有限公司

台北市南港區重陽路504巷1弄11號

聯絡電話：02-2766-0969

　　　　　0918-397-745

汎球國際貿易有限公司

彰化縣社頭鄉員集路2段598巷67號

聯絡電話：04-871-1346

http://www.wetctw.com

大人的釀醋學
醋的純釀、浸泡與日常

作者	Gather 四合院	發行人	何飛鵬
	徐永年、陳嘉鴻、柯信淳	事業群總經理	李淑霞
攝影	王正毅	出版	城邦文化事業股份有限公司 麥浩斯出版
美術設計	瑞比特設計	地址	115 台北市南港區昆陽街 16 號 7 樓
社長	張淑貞	電話	02-2500-7578
總編輯	許貝羚	傳真	02-2500-1915
企劃開發	張淳盈	購書專線	0800-020-299
行銷	曾于珊		

發行　　　　　英屬蓋曼群島商家庭傳媒股份有限公司城邦分公司
地址　　　　　115 台北市南港區昆陽街 16 號 5 樓
電話　　　　　02-2500-0888
讀者服務電話　0800-020-299
　　　　　　　（9:30AM~12:00PM；01:30PM~05:00PM）
讀者服務傳真　02-2517-0999
讀這服務信箱　csc@cite.com.tw
劃撥帳號　　　19833516
戶名　　　　　英屬蓋曼群島商家庭傳媒股份有限公司城邦分公司
香港發行　　　城邦〈香港〉出版集團有限公司
地址　　　　　香港灣仔駱克道193號東超商業中心1樓
電話　　　　　852-2508-6231
傳真　　　　　852-2578-9337
Email　　　　 hkcite@biznetvigator.com
馬新發行　　　城邦〈馬新〉出版集團Cite(M) Sdn Bhd
地址　　　　　41, Jalan Radin Anum, Bandar Baru Sri
　　　　　　　Petaling,57000 Kuala Lumpur, Malaysia.
電話　　　　　603-9057-8822
傳真　　　　　603-9057-6622

製版印刷　　　凱林印刷事業股份有限公司
總經銷　　　　聯合發行股份有限公司
地址　　　　　新北市新店區寶橋路235巷6弄6號2樓
電話　　　　　02-2917-8022
傳真　　　　　02-2915-6275
版次　　　　　初版 2 刷 2024年6月
定價　　　　　新台幣480元 / 港幣160元

國家圖書館出版品預行編目(CIP)資料

大人的釀醋學 / Gather等著. -- 初版. -- 臺北
市：麥浩斯出版：家庭傳媒城邦分公司發行,
2018.10
　面；　公分
ISBN 978-986-408-425-8(平裝)

1.醋 2.釀造 3.食譜

　　463.46　　　　　107016765

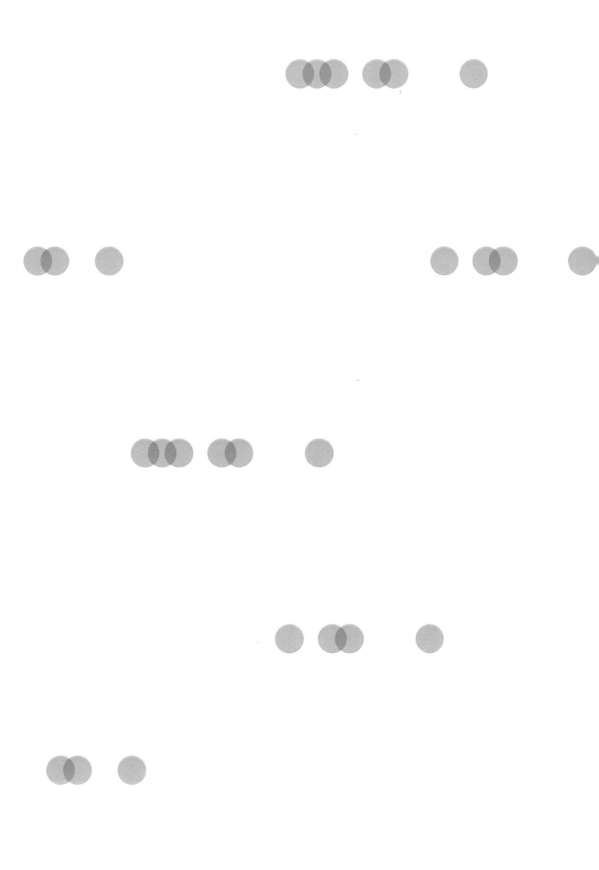